...que de « l'Eleveur »

ENCYCLOPÉDIE CANINE

PUBLIÉE

sous la direction

DE

M. Paul MEGNIN

Directeur du Journal

L'Eleveur

I

QUAITOUN

L'Elevage

Rationnel

DES

Portées

Préface de M. Ernest LA JEUNESSE

JOURNAL L'ÉLEVEUR

Vincennes — PARIS

1912

L'ÉLEVAGE

Rationnel des Portées

Bibliothèque de « l'Eleveur »

ENCYCLOPÉDIE CANINE

PUBLIÉE

sous la direction

DE

M. Paul MÉGNIN

Directeur du Journal

L'Eleveur

I

QUAITOUN

L'Elevage
Rationnel
DES
Portées

Préface de M. Ernest LA JEUNESSE

JOURNAL *L'ÉLEVEUR*

Vincennes — PARIS

1912

PRÉFACE

Que voici un brave livre ! Et comme je suis heureux de
le saluer, comme d'une inutile fanfare, de quelques lignes
aussi simples qu'enthousiastes ! Enfin, on nous présente des
chiens qui ne sont pas de la littérature !

Des chiens ? J'exagère, je calomnie, Seigneur !

Des chiots, des chiots à peine nés ou à naître, des chiots
de limbes, sans nom, sans pedigree, une infinité de toutes
petites vies à assurer, à sauvegarder, à rendre doucement
plus fermes, plus grouillantes, plus grondantes, plus puis-
santes, plus utiles et plus royales, un chaos d'existences
timides auxquelles il faut apprendre à voir, à boire, à
manger, à s'abstenir, des corps, des membres à redresser,
à former, à parfaire : c'est, proprement, une création nouvelle, une œuvre d'artiste-dieu, puisqu'il faut couper les
oreilles au cordeau et à l'équerre, etc., etc., dans le même
temps qu'un labeur de nourrice et une tendresse éclairée de
mère : c'est de la science, de la sagesse, de la patience et
la plus précise, la plus minutieuse bonté.

Ce sont des bêtes aimées pour elles-mêmes, auxquelles
on ne prête aucun sentiment subtil, lyrique ou déclamatoi-
re et pas de vice pour un sou.

Ça change. On ne cherche en elles, ni l'homme, ni la
femme ni l'ange : on dit comment il les faut peigner, laver,
abreuver, comment on les amène à la santé, à la force —
et la grâce vient après, les caresses — aussi et vous avez tout
votre temps, Mesdames et Messieurs, pour en faire de la
littérature et du génie (ce qui n'est pas la même chose),
pour découvrir le mystère, le drame, le lyrisme des chiennes et des chiens, pour comparer leur langue à celle des
Dieux, pour faire de vos bêtes des animaux célèbres et des

âmes d'élite. Mais vous aurez une gratitude infinie pour l'esprit, la sensibilité, le dévoûment sagace de l'auteur de ce petit recueil de conseils, pour le père (ou la mère) de tous les chiots, de tous les chiens nés ou à naître, pour le Saint-Vincent de Paule des amis de Saint-Roch.

Dans la prose simple et drue que vous allez lire, relire et apprendre par cœur, qui vous sera un manuel et un compagnon de tous les instants, vous avez de la joie à vous faire, de l'amitié à conquérir, à la fatigue, de la vie à vous annexer qui sera un peu votre œuvre et qui sera une œuvre patiente, savante, charmante, féconde, emplie de bonhomie d'humour et, Dieu me pardonne ! — ... d'élévation !

Ernest LA JEUNESSE

AVANT-PROPOS

En présentant ce petit livre à nos lecteurs, nous n'avons pas la prétention de leur dicter des règles immuables pour élever et mener à bien l'élevage des portées, mais de leur donner simplement quelques conseils résultant de nos observations personnelles pendant de longues années d'élevage de chiens de différentes races. Nous ne traiterons pas la médecine vétérinaire canine, ni n'attirerons l'attention sur ce qui a trait aux races, mais donnerons un aperçu général de ce qui doit être fait de préférence et de ce qui doit être évité, afin de mener à bien une portée par les soins et l'hygiène rationnels.

En matière d'élevage, le plus difficile est, quand on est novice — et c'est principalement à ceux-là que notre petit livre s'adresse — d'éviter les trop nombreux conseils, tous plus ou moins saugrenus, que vous donnent bien des gens qui, parce qu'ils ont vu périr bon nombre de chiens prétendent savoir « ce qu'il faut faire », et vous disent, par exemple, que la meilleure nourriture est une croûte de pain dans de l'eau de vaisselle avec une poignée de gros sel, ou bien, qu'il faut mettre un collier de persil à une lice qui sèvre ses jeunes, etc., etc., or, c'est plutôt ceux qui ont vu vivre beaucoup de chiens qui peuvent donner quelques conseils.

Ce qu'il faut surtout, c'est se rapprocher le plus possible de la nature, autant que la domesticité le permet, bien entendu ; c'est ce que nous nous proposons de faire en expliquant aussi clairement que possible ce qui nous a réussi et qui est des plus simple; voilà pourquoi nous avons mis dans notre titre le mot « rationnel » ou si on préfère « naturel ». Aider la nature, c'est ce que nous avons toujours fait pour l'élevage de nos portées; nous ne pouvons dire si c'est à ce principe ou à la chance que nous le devons, mais sur de nombreuses portées de diverses races que nous avons élevées jusqu'au delà de l'âge de six mois, nous n'avons jamais perdu un seul chiot, nous avons suivi même la plupart dans leur existence et ils ont toujours conservé une robuste santé.

Nous donnerons au cours de ce travail quelques conseils indispensables ayant rapport aux premiers soins vétérinaires ; quant à ce qui est de la médecine vétérinaire propre, nous renvoyons nos lecteurs aux ouvrages spéciaux dûs à la plume d'auteurs érudits, nous contentant de relater nos observations personnelles et d'indiquer quelle est selon nous, la meilleure manière de mener à bien les portées.

Notre méthode d'élevage des portées peut se résumer en deux mots « Ponctualité » et « Propreté »; en les observant bien, on arrive, nous en sommes convaincus, à la réussite complète.

L'Habitation

Nous préférons de beaucoup, pour la mise-bas, donner à la mère la niche d'élevage qu'on lui aura spécialement préparée ; cependant, on pourra si l'on y tient, lui laisser sa niche habituelle, en ayant soin naturellement qu'elle soit bien à couvert et dans un endroit sec. Quelques jours, avant, préparer la niche en vue de l'accouchement comme nous l'expliquons plus loin.

Au cas où on laisserait la chienne accoucher dans sa niche habituelle, le lendemain de la naissance, la personne qui soigne la chienne, qui doit être, connue et aimée d'elle, prendra les chiots et les mettra dans leur nouvelle demeure, c'est-à-dire la niche d'élevage. Si on veut éviter à la chienne le changement d'habitation à ce moment, on lui donnera alors sa niche d'élevage environ trois semaines à un mois avant qu'elle ne mette bas pour qu'elle s'y habitue et n'aille pas porter sa progéniture ailleurs.

La niche d'élevage n'aura pas la forme habituelle des niches ordinaires, elle aura comme dimensions, deux fois en largeur et une fois en profondeur ; nous ne pouvons donner de dimensions exactes, on se basera sur la taille de la lice ; la niche sera assez haute pour que la chienne puisse se tenir debout ou assise sur son derrière et assez large et profonde pour qu'étant couchée, sur le côté, elle puisse étendre ses pattes et son encolure. L'entrée sera devant, non au milieu, mais à droite ou à gauche, de manière à ce que l'air froid ou le vent n'entre pas directement au fond de la niche ; de cette façon, la mère se retirant avec ses petits dans le côté fermé qui forme comme le fond de la niche, sera à l'abri des regards et du vent.

Aux quatre coins de la niche, on percera le plancher d'un trou de la grandeur d'une pièce de cinq centimes pour éviter l'accumulation des poussières et petits détritus. Par-dessus le plancher on placera un second plancher à claire-voie et mobile ; ce second plancher est très utile, il évite l'humidité et la saleté.

A l'intérieur, placer d'abord un sac ou de préférence un vieux tapis puis des journaux et par-dessus une bonne litière de paille d'avoine, la mère ayant l'habitude d'écarter la paille au moment de la mise-bas et même ensuite jusqu'à ce que ses petits ouvrent les yeux ; sans tapis, les jeunes rampent sur le bois et s'écorchent les pattes et le ventre.

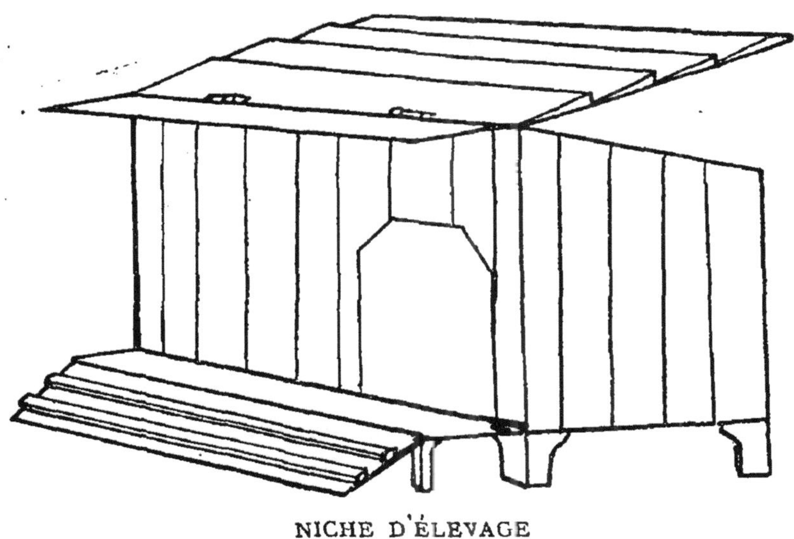

NICHE D'ÉLEVAGE

Le toit, dépassant un peu sur le devant de la niche et formant auvent sera en pente descendant derrière, de façon à ce que les poussières et la pluie ne tombent pas devant la niche ; il formera couvercle, c'est-à-dire, sera à charnières devant et crochets derrière pour s'ouvrir sur toute la niche comme une boîte ; on peut ainsi facilement nettoyer partout et voir la chienne et toute sa nichée sans la déranger. On peut si l'on veut, faire le toit en dos d'âne, en faisant former couvercle à l'un des côtés. Comme une niche pratique pour l'élevage doit être plus large que profonde, il est préférable d'établir le toit comme nous l'indiquons plus haut. Le toit en dos d'âne pourrait être employé pour des petites niches de chiens de races de luxe que l'on place dans une pièce.

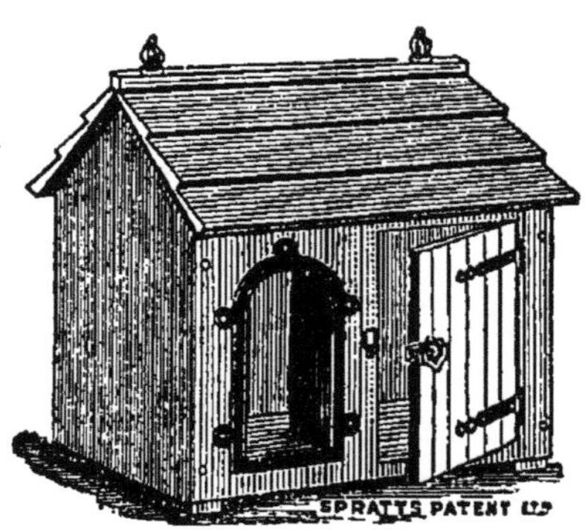

NICHE POUR LES PETITES RACES

Construite ainsi la niche est très pratique pour l'élevage de la portée; on peut encore faire former porte à l'un des côtés, cela n'est pas indispensable, mais le nettoyage en est beaucoup plus rapide et plus facile.

La niche devra être élevée de terre d'au moins quinze à vingt-cinq centimètres et l'espace compris entre le sol et le premier plancher sera fermé tout autour par des briques ou des planches; car, dès que les chiots commencent à sortir de la niche, ils vont se mettre dessous et il est bien difficile de les en déloger; ils ne savent la plupart du temps retrouver leur chemin et la mère ne peut aller les chercher; dans ce cas, on est très souvent obligé de soulever la niche pour les délivrer; il faut donc clore cet espace.

Enfin, sur le devant de la niche et sur toute sa largeur on placera une planche en pente allant de la niche jusqu'à terre pour permettre la montée et la descente des jeunes; cette planche devra avoir des baguettes transversales en bois, dans le genre des planches qui, dans les poulaillers, mènent aux perchoirs, et qui empêchent le glissement des animaux montant le long de cette planche.

NICHE AVEC ENCLOS POUR LES PREMIÈRES SORTIES DES JEUNES

chenil
angar
La niche sera placée en plein air, et au levant, sous un couvert, hangar, remise, écurie, etc., de préférence sous un simple abri d'assez grandes dimensions fait d'un toit reposant sur quatre montants. Ne pas placer la niche dans un local s'aérant simplement par une porte ou une fenêtre, mais par tout un côté. Le mieux est une sorte de hangar très grand, fermé seulement d'un ou trois côtés en laissant ouvert le côté du levant, et sous lequel les chiots pourront s'ébattre à l'abri de la pluie et de l'humidité sans être obligés de rester dans la niche. On emploiera pour la toiture les tuiles de préférence à la toile goudronnée et sous ces tuiles, on placera par les temps humides un lit de fougères ou de roseaux bien secs. On peut, pour faciliter la construction de cet abri, faire un toit de tuiles partant du haut d'un mur, en l'appuyant sur deux forts montants de bois devant et formant ainsi un hangar dont le mur sert de fond.

Si on a la place, on adaptera le long d'une certaine partie du mur au fond, une sorte de banc en bois, à cinquante ou soixante centimètres environ du sol, où plutôt une planche formant rayon, sur laquelle les chiens préfèrent de beaucoup se tenir au lieu de se coucher ou s'asseoir sur le sol. Si on n'a pas la place d'accoter ce banc au mur, on le placera au milieu du hangar ; une table dont on aura rogné les pieds à mi-hauteur remplacera très bien le banc ; les chiens affectionnent tout particulièrement se tenir sur quelque chose d'un peu élevé. Tout ce qui, dans le chenil, est construit en bois sera passé à l'huile de goudron qui aseptise et évite la pourriture.

Pendant la mise-bas et une dizaine de jours après, on placera un morceau de toile d'emballage devant l'entrée de la niche, que la chienne se sente bien dérobée aux regards étrangers. Si la mère ne se sent pas assez cachée, à son idée, elle peut quelquefois et pendant la nuit, porter ses jeunes ailleurs ; après une dizaine ou quinzaine de jours, on enlèvera cette toile pendant le jour et on la replacera dès la tombée de la nuit.

Le hangar qui abritera la niche devra autant que possible être orienté au soleil, le toit faisant assez d'ombre pour l'été ; pour l'hiver, on mettra des paillassons à l'intérieur du côté du nord. Eviter qu'un ruisseau ou gargouille ne passe à proximité, toute humidité étant néfaste et rendant insalubre l'habitation canine.

Le sol du hangar sera creusé à une profondeur de cinquante centimètres ; on y déposera une couche de macheter tassé recouverte d'une autre couche de sable de rivière auquel on mélangera des cendres fines de charbon de terre ou de bois, et enfin, par-dessus le tout, de la mousse de tourbe qui absorbe l'humidité. Si le sol est pavé, ce qu'il vaut mieux éviter, on y jettera chaque jour et en abondance du sable sec et des cendres mélangés, après balayage et aspersion d'une solution antiseptique. Cette aspersion doit être faite en pluie très fine et ne doit pas former de places mouillées sur le sol. Si c'est en hiver et que le temps soit humide, remplacer l'aspersion de la solution antiseptique par du sulfate de fer en poudre que l'on répandra en pluie sur le sol.

Le ciment ne sera employé à la rigueur que pour les

murailles, et non pour le sol ; il est froid et garde l'humidité ; des paillassons passés au sulfate de fer seront placés contre ces murailles en ciment, et changés au moins deux fois dans l'hiver et retirés en été.

Quand les chiots auront deux mois on n'emploiera plus de tapis ni de litière, mais une paillasse faite d'un sac rempli de paille de blé ou de feuilles de fougères, ou encore mieux, de varech qui contient beaucoup d'iode et dont les émanations sont très utiles, parce que fortifiantes, pour l'ossature des jeunes chiots.

L'abreuvoir des jeunes sera placé assez loin de la niche, toujours à couvert et assez élevé du sol pour que les jeunes n'y mettent que le museau et non les pattes et qu'ils ne puissent monter dedans, ce qui, d'abord salit l'eau de boisson et ensuite les mouille et les refroidit. On ne leur met à boire de l'eau, et à discrétion, qu'à partir de l'âge de trois mois, avant cet âge, ils ne doivent avoir comme liquide que du bon lait. La boisson de la mère sera hors de leur portée.

Quand ils n'ont pas encore l'âge de s'ébattre et qu'ils commencent à se tenir hors de la niche ; on met un tapis ou grand paillasson par terre et on les y pose pendant qu'on fait le nettoyage de la niche et du hangar. Si la saison le permet, on place le tapis au soleil et on y installe la mère et ses petits pendant une heure et cela dès l'âge de quinze jours.

La niche doit être nettoyée tous les matins ; on change le tapis que l'on trempe dans un baquet d'eau bouillante ou antiseptique pendant un quart d'heure au moins, on le fait sécher au soleil et on le replace le lendemain en faisant de même pour celui qu'on retire. La paille sera enlevée et remplacée par de la nouvelle, on pourra néanmoins garder un peu de la paille usagée, mais seulement ce qui est propre et sec.

On peut employer comme niches, des tonneaux, quand les chiots ont trois mois ; un tonneau pour deux ou trois jeunes, selon la taille. On emploiera de préférence des tonneaux ayant contenu du pétrole, on les placera sur quatre briques ou bien, on peut construire un chantier en bois comme ceux qu'on emploie dans les caves. On placera le trou de bonde en dessous pour faciliter la sortie des poussières. On mettra dans ces tonneaux un plancher mobile à claire-voie de forme ovale et enfin par-dessus on placera la paillasse. On battra cette dernière avec un bâton, ou contre un arbre ou un mur chaque matin et même plusieurs fois par jour si besoin est, et ayant nettoyé l'intérieur de la niche on l'y replacera. Si la paillasse est souillée, en mettre une autre, et vider et nettoyer le sac de celle qu'on retire de la niche comme il est dit plus haut pour les tapis. La paille des paillasses se change tous les dix ou quinze jours, il faut toujours avoir plusieurs sacs de rechange. La paillasse, un peu plus courte que le plancher, ne doit pas arriver jusqu'au bord de l'entrée du tonneau. A notre avis, les tonneaux ne doivent pas être employés pour la mise-bas ni pour le premier âge.

Si on a suffisamment de terrain à consacrer à l'élevage, on fera deux chenils dont le sol sera planté d'herbe, chiendent, prairie, ray-grass, etc., etc., chacun aura son abri ou hangar construit et agencé comme nous venons de l'indiquer et sous lequel seront placées les niches. On fera d'abord habiter l'un, puis, quand l'herbe sera détruite par les chiots et le terrain garni de trous qu'ont grand plaisir à faire les jeunes chiens, on les installera dans le second chenil, et pendant qu'ils l'habiteront, on bêchera le sol du premier, ensemencera à nouveau, désinfectera tout ce qui est bois et constructions, fera les réparations de clôtures, dégâts, etc., puis enfin, quand l'herbe sera repoussée on y replacera la portée et ainsi de suite. Par ce moyen on a toujours un chenil propre et sain.

D'autre part, les éleveurs feront un choix judicieux du sol sur lequel ils veulent établir leurs chenils; il est des terrains humides situés à proximité de marais où l'élevage des portées est presque impossible.

La mère et la mise-bas

Nous n'avons que peu de chose à dire au sujet de la
mère ; le principal est qu'elle soit en bonne santé. On ne
fera donc saillir que les chiennes en très excellent état
de santé et âgées d'au moins quinze à dix-huit mois
et même deux ans pour les races de fortes tailles. On
s'assurera aussi de la bonne santé de l'étalon et se ren-
seignera sur les maladies qu'il aurait pu avoir précédemment et pouvant avoir une influence néfaste sur ses
descendants.

Si on doit envoyer la chienne à la saillie, bien conve-
nir avec le propriétaire de l'étalon, s'il est loin, qu'il
gardera la lice cinq à six jours après la saillie (qui doit
être répétée deux fois) ; tout voyage devant être évité
aussitôt après l'accouplement. De même, on fera repo-
ser la lice deux ou trois jours avant de la présenter à
l'étalon ; cette présentation devra avoir lieu vers le
dixième ou onzième jour des feux.

Dès que la saillie se confirmera, la lice sera pro-
menée deux fois par jour, une heure chaque fois en
évitant les courses et exercices violents. La surveiller,
qu'elle ne mange sur la route aucune saleté ou cha-
rogne quelconque, une chienne en état de gestation
est plus susceptible à l'intoxication alimentaire. Ne
plus donner de bains et éviter avec soin tout refroi-
dissement. On augmentera la ration alimentaire de
la lice, qui doit s'alimenter non seulement pour elle,
mais pour les chiots qu'elle porte et dont la force et la
santé dépendent de son bon état physiologique pendant la gestation ; elle aura donc trois bons repas

par jour pendant la gestation et quatre pendant l'allaitement ; on lui donnera du lait comme boisson et enfin deux fois pendant qu'elle porte, un léger vermifuge ; le premier trois semaines après la saillie (santonine ou noix d'arec) ; le deuxième, trois semaines avant la mise-bas (santonine). La chienne porte en général de soixante-trois à soixante-cinq jours, quelquefois plus, mais rarement. On constate l'approche de l'accouchement lorsqu'on peut extraire du lait en pressant le bout des mamelles, c'est-à-dire quelques jours avant et c'est à ce moment que tout doit être prêt pour la mise-bas de la lice et la venue des jeunes.

On peut, pour la mise-bas, laisser la lice dans sa niche habituelle et lui donner ensuite une niche d'élevage ; mais nous conseillons de donner cette dernière à la lice pour sa mise-bas afin d'éviter le transbordement des jeunes ; d'autre part, la chienne préfère retourner ou rester à l'endroit où elle a fait ses petits. Le mieux sera donc, ainsi que nous venons de le dire, de lui donner sa niche d'élevage pour la mise-bas et pour l'habituer à sa nouvelle demeure on l'y installera bien avant, c'est-à-dire au moins trois semaines avant la parturition afin qu'elle s'y habitue et ne retourne pas à l'ancienne habitation pour y faire ses jeunes.

Pour la mise-bas, on fera la litière comme nous l'indiquons dans le précédent chapitre, c'est-à-dire : mettre un sac à même le plancher de la niche, une épaisseur de quatre ou cinq journaux, et par dessus du gros papier d'emballage ou des chiffons que l'on jettera par la suite ; puis enfin, une bonne couche de paille d'avoine qui est plus douce que la paille de blé, on peut encore employer du foin ; ceci pour les chiens d'une certaine taille ; pour les chiens de petite race, on mettra quelques journaux, puis un vieux vêtement quelconque ou chiffon qui sera jeté après l'accouchemnnt et par-dessus le tout un torchon propre. Il faut toujours faire une couche propre pour la mise-bas, ce que l'on néglige trop souvent en mettant la mère sur des chiffons sales ; on peut employer de vieilles étoffes, mais qu'elles soient propres et recouvertes d'un torchon propre et blanc.

Pour les chiennes à poil long, on coupera les poils de la partie interne de la queue ainsi qu'autour de la vulve. Ne jamais couper les poils des mamelles qui, coupés, peuvent piquer les yeux et le nez des petits chiens.

La mise-bas se fait ordinairement naturellement et sans complications ; il suffit de mettre la chienne à l'abri des regards et du bruit et de laisser le travail se faire. Les petits naissent en général à un quart d'heure de distance les uns des autres. De temps à autre, on ira voir si tout marche bien et si l'accouchement était difficile, on appellerait tout de suite un vétérinaire ; en l'attendant on verserait de l'huile dans la vulve ; on pourrait aussi mettre un gant de tissu huilé (qu'on aura aseptisé préalablement en le faisant bouillir) et aider les petits à sortir ; enfin on pourra faire des frictions douces sur le ventre de la mère.

Après la mise-bas On donnera à boire de l'eau additionnée d'une pincée de bicarbonate de soude ; si on est en plein hiver, cette eau ne devra pas être trop froide et au contraire fraîche si on est en été. Au cas où la mère n'urinerait pas bien, on lui donnerait du sel de nitre à raison de cinq grammes par litre d'eau.

On laissera la chienne au moins vint-quatre heures après la mise-bas sans la toucher ; pendant ce temps, comme nourriture, des pâtées très légères composées de laitages, tapioca, pâtes d'Italie, œufs frais, farines lactées en bouillie, etc., et du lait à discrétion coupé d'un peu d'eau de Vichy. Après ces vingt-quatre heures de repos, on fera le nettoyage complet de la niche d'élevage ; pour ce faire : on prendra les petits que l'on posera délicatement sur un tapis épais près de la niche, si on est en été, ou dans une caisse garnie de bonne paille, si on est en hiver, où la mère pourra venir les lécher ; ne pas les mettre hors de sa vue, car dans ce cas, les chiennes lorsqu'elles revoient leurs petits se figurent qu'il leur en manque ; on enlèvera la paille et les papiers et si le plancher est souillé on le lavera, en ayant soin de bien le sécher. Le plancher étant bien propre et bien sec, on y répandra du sulfate de fer en poudre, on y placera un tapis (les chiennes ayant l'habitude de repousser la paille autour d'elles pour former une sorte de muraille garantissant les petits) puis des journaux propres et enfin une épaisse litière de paille d'avoine.

Chaque jour, on enlèvera la paille, changera le tapis et balayera le plancher, puis on replacera : tapis sec, journaux propre, et la paille non humide et intacte en y ajoutant de la nouvelle.

La lice qui est en bonne santé et bien nourrie peut mener à bien toute sa portée quel qu'en soit le nombre.

Nous avons vu des lices nourrir huit, dix et même douze chiots sans aucun mal ni amaigrissement.

Si par suite d'une circonstance quelconque, une chienne ne gardait aucun jeune, il faudrait faire passer son lait pour éviter des abcès aux mamelles. Jusqu'à tarissement du lait on lui donnera quelques purgations pas plus de trois et à huit jours d'intervalle (30 grammes d'huile de ricin ou de sirop de Nerprun, pour taille moyenne) et on appliquera matin et soir sur les mamelles un emplâtre fait de glaise ou de blanc de Meudon délayé dans de l'eau additionnée par moitié de vinaigre. On mettra par-dessus un linge entourant le ventre pour empêcher la chienne de lécher cet emplâtre.

Il faudra retirer le collier de la lice qui va mettre bas ainsi que la délivrer si elle est à l'attache. La chienne qui est à l'attache, devra, tant qu'elle sera près de ses petits, être libre ; si, habitant une propriété non cloturée, on était obligé de mettre la chienne habituellement à l'attache, il faudrait dès que la saillie se confirme et jusqu'au sevrage complet de ses petits, la mettre dans un endroit clos pour lui éviter l'attache. Pour la santé du chien en général et des reproducteurs en particulier, l'attache est nuisible ; il est facile de l'éviter en mettant les chiens dans un endroit clos de grillage ou de palissade et à l'abri du passage des personnes.

Il est inutile de dire que tout le temps que durent la gestation et l'allaitement, la lice doit être heureuse et tranquille et que toute espèce de mauvais traitements, moraux ou physiques, doivent lui être évités.

Alimentation

Il ne faut pas craindre de laisser tous les petits à la lice, quelle que soit l'importance de la portée, elle s'en tirera toujours si elle est en bonne santé, et nourrie en conséquence. Nous avons vu des portées de huit, dix et même douze chiots élevés entièrement par leur mère et devenir beaux et forts. Ce n'est qu'au cas exceptionnel où la lice viendrait à être gravement malade que l'on prendrait une chienne nourrice pour diminuer la fatigue de nourrir toute sa portée, et on donnerait à la nourrice les plus robustes ; encore une fois, le mieux est de les laisser tous à la mère, mais dans ce cas, le lait diminuant ou n'étant plus d'aussi bonne qualité, on alimentera les petits selon leur âge, soit avec: du lait tiède sucré, de la lactocanine ou autre poudre lactée, des bouillies faites de lait épaissi de farines de lentilles ou de féverolles, de crème d'orge, de riz, d'avoine ou enfin de tapioca, semoule, etc., etc. Nous avons vu une chienne pointer ayant eu une grave entérite accidentelle pendant qu'elle nourrissait et qui a mené à bien sa portée de huit chiots sans que l'on lui en retire un seul ; naturellement, la mère était l'objet de grands soins, les petits, qui étaient nourris à la Lactocanine et ne l'ont pas quittée, ont toujours tété un peu ; la mère est indispensable à ses chiots pour les soins de propreté et d'hygiène, ainsi que pour les réchauffer. En cas de mort de la mère pendant la parturition, on prendra par exemple, une chienne nourrice qui aura mis-bas à peu près en même temps que la mère morte et on lui mettra les petits étrangers le plus tôt possible s'ils n'ont pas encore tété leur mère ; au cas où la mort de la lice surviendrait quelques jours après la naissance des jeunes, il ne faudrait pas les donner à une nourrice venant de mettre bas, car le lait des chiennes pendant les premières vingt-quatre heures a une composition spéciale qui nettoie le tube digestif et l'intestin des jeunes et est laxatif; il serait donc mauvais qu'ils absorbent deux fois ce lait ; au bout de vingt-quatre heures cet inconvénient n'existe plus.

Chiennes nourrices En général les chiennes nourrices acceptent assez bien les nourrissons. On peut aussi, si l'on n'a qu'un ou deux chiots seulement, les donner à une chienne non suitée mais qui se trouve en période lactifère et qui les nourrira très bien. Tous les éleveurs et amateurs de chiens ont bien remarqué qu'environ deux mois après leurs feux, beaucoup de chiennes ont les mamelles gonflées de lait, quelquefois même assez pour que l'ont soit obligé de les purger pour leur faire passer ce lait. C'est à ce moment là qu'une chienne non suitée peut nourrir un ou deux chiots et même plus. Ceci évite l'introduction, dans le chenil, d'une chienne étrangère. On peut aussi donner un chiot à une chatte qui l'adoptera très bien.

Nombre d'éleveurs ont l'habitude de diviser la portée pour en donner la moitié à une nourrice afin pensent-ils de soulager la mère, nous ne saurions trop les en déconseiller ; l'emploi de la nourrice ne doit être fait qu'en cas d'accident mortel de la mère où dans le cas où l'on devient propriétaire de chiots trop jeunes et dont on n'a pas la mère.

Élevage au biberon Il reste enfin le biberon, mais ce moyen réussit très difficilement et nous ne le conseillons pas ; pourtant si l'on y tient, on emploiera un des biberons pour enfant que l'on entretiendra rigoureusement propre, il sera donné tiède et composé de lait de vache, ou de préférence de lait de chèvre, ou encore de lactocanine ou autres produits simulaires. Il existe en Allemagne des biberons spéciaux pour chiens dans le genre de ceux qui se font pour les veaux ; ils sont bas et ronds, avec tout autour une rangée de tétines assez espacées les unes des autres, ces tétines sont en caoutchouc et ont l'apparence de la tétine de la chienne ; à l'intérieur est une sorte de bain-marie qui entretient la chaleur du lait ; on place ce biberon dans la niche, les petits rampent autour et avec leurs pattes pressent le tour des tétines comme ils le font à leur mère ; ce modèle est assez pratique.

Si l'on possède une chèvre, on pourra supprimer le biberon en faisant téter directement la bête par le ou les chiots. Il faudra dans ce cas, avoir le soin de remplacer la chaleur naturelle de la mère au moyen de bouillottes d'eau chaude souvent renouvellées et placées sous la paille de leur niche ; on peut placer les chiots dans des éleveuses ; il en existe dans le commerce de spéciales pour chiots.

Naturellement la première chose à faire dès la naissance est de laisser téter les chiots ; on surveillera les tétées, ce qu'on néglige beaucoup trop. Dans les portées d'un nombre minime de chiots, deux ou trois, par exemple, la surveillance devra s'exercer sur la prise de lait régulière à toutes les mamelles ; dès que l'une d'elles devient trop gonflée, dûre et d'une température élevée, il faut y mettre un petit pour la téter afin d'éviter l'empissement laiteux ou engorgement qui peut amener des abcès difficiles à guérir pendant l'allaitement et très gênant pour l'élevage des jeunes. Dans les portées nombreuses, il y a toujours un ou deux chiots plus faibles que les autres et les gros, en raison de la loi du plus fort, poussent les faibles et tétent tout leur saoul tandis que les autres, qui au contraire en auraient le plus besoin, sont relégués au loin et ne peuvent approcher les mamelles de la mère que lorsque les premiers sont repus ou qu'il n'y a plus de lait. La surveillances des tétées est donc une chose importante.

Dans les cas d'accouchement prématuré, les chiots sont parfois trop faibles pour téter, il faudra les aider en pressant doucement les mamelles de la mère pour faciliter la venue du lait et qu'ils n'aient pas à tirer, ce qui peut être une fatigue quelquefois au-dessus de leurs forces.

Dès la naissance, on pèsera les jeunes chaque jour ; il faut qu'au bout de dix à quinze jours ils aient tous à peu près le même poids, et pour ce faire, à chaque tétée, on écartera un peu les forts pour faire téter les plus petits, même, de temps à autre on prendra la mère à part et on lui mettra le ou les faibles pour qu'ils tétent à leur aise et rattrapent le poids normal ; nous avons souvent de cette façon rétabli l'équilibre du poids uniforme.

Ceci est important, car certaines personnes suppriment des chiots dans les portées en vue de la sélection qui se fait habituellement d'après l'aspect général et les formes de l'animal ; on pourrait donc, lorsque l'on ne conserve pas tous les chiens de la portée, si l'on n'observait pas l'uniformité du poids, avoir plus tard des chiens réunissant tout le type de la race désirée mais qui manqueraient de force ; il ne faut pas qu'on ait à se dire au moment de la sélection « quel malheur que celui-ci ait l'apparence chétive, il a un si bon type » ; les débuts du chien dans la vie a une grande importance pour son avenir ; les muscles qui ne se forment qu'un peu plus tard peuvent se refaire en force et en vigueur, tandis que l'ossature qui a de mauvais débuts, reste défectueuse pour toujours.

Pour les chiens de petites races ayant le nez plat ou retroussé, Bouledogues Français, Japonais, Pekingesse, Bull Anglais, etc., etc., il arrive souvent que les jeunes dépérissent, ils ne peuvent téter, parce que, soit qu'ils ne peuvent respirer pendant la succion, leur nez étant bouché par les mamelles de la mère ; soit que le lait leur remonte par le nez et leur coupe la respiration. Dans le premier cas, on écartera délicatement avec les doigts la mamelle de la mère en ne laissant que juste le bout dans la gueule du petit chien, qu'il y ait un peu d'espace entre ses narines et la mamelle ; dans le second cas, il n'y a d'autre moyen que de nourrir les jeunes à la cuillère, le biberon ayant le même inconvénient que la têtée naturelle ; l'élevage à la cuillère est très difficile mais non impossible, car en général ces portées ne sont pas nombreuses et ce sont des petits animaux que l'on a près de soi dans l'appartement ; les cuillères à café sont encore trop grandes, il faudra employer des cuillères de poupée qu'on trouve dans les jouets d'enfants ou des petites pelles à sel.

Quand les chiots auront de trois à quatre semaines, on commencera à leur donner du lait tiède ; les premières fois, comme ils ne savent pas laper, on trempera le doigt dans le lait et le leur donnera à lécher ; de cette façon ils s'habituent au lait et au bout de quelques jours ils boivent d'eux-mêmes. On évitera, si les chiots refusent de boire, de leur tremper le museau dans le lait qui rentre dans le nez, les étouffe, les fait tousser, et ils s'habituent moins vite à boire ; le mieux est de présenter au chiot le doigt mouillé de lait pour qu'il le lèche, comme nous venons de l'indiquer.

On ne donnera jamais de lait ou tout autre nourriture à tous les chiots ensemble, pour la raison citée plus haut : les forts poussent les faibles, les premiers mangent trop et les seconds pas assez, cela les rend gloutons, ils dévorent trop rapidement ce qui leur donne du ballonnement et souvent de l'entérite ; bien des personnes trouverons la tâche un peu rude, de donner à boire à chaque chiot séparément plusieurs fois par jour à toute une portée de par exemple huit ou dix chiots ; mais cet effort est couronné de succès, les chiots viennent bien et uniformément.

Il faut bien se faire à l'idée que l'élevage du chien de race est très difficile et minutieux et que, malgré tous les soins que l'on y apporte, il y a souvent des pertes, qui, lorsque ce sont des animaux de race pure, se chiffrent tout de suite par de grosses sommes.

Le lait sera donné tiède et réchauffé chaque fois qu'il sera nécessaire ; cela a une grande importance, les chiots buvant froid ou presque, peuvent avoir de la diarrhée.

Dès que les jeunes laperont bien le lait, on leur en donnera plusieurs fois par jour ; ensuite, on commencera à leur donner une petite pâtée claire faite de pain bouilli dans du lait en y ajoutant du sucre en poudre, du sel (sucre, par litre, trois cuillerées à soupe ; sel, une petite pincée) et un peu d'ail cru et pilé pour empêcher le développement des vers. On pourra, afin de varier, remplacer le pain par des farines de lentilles ou de féverolles qui contiennent des phosphates végetaux lesquels sont assimilables.

On donnera l'ail dès la première pâtée, les chiots s'y habituent, tandis que plus tard, l'odeur et le goût peuvent leur déplaire et ils refusent alors obstinément toute nourriture qui en contient.

Quand ils mangent bien la pâtée, on la leur donne d'abord une fois, puis deux, jusqu'à cinq fois par jour, c'est-à-dire toutes les trois heures ; par exemple : sept heures et dix heures du matin ; une heure, quatre heures et sept heures du soir. Les repas devront être donnés avec ponctualité. Entre les heures auxquelles seront données les pâtées, on leur donnera à boire du lait sucré tiède.

On donnera ces pâtées toujours tièdes et avant les têtées ; pour cela, dès le réveil, on écartera la mère et on ne la laissera retourner à sa progéniture qu'après la prise du repas ; ils auront ainsi moins faim, ils épuiseront moins la mère et seront mieux disposés à prendre la nourriture qu'on leur donnera. Les premières pâtées seront assez claires, on les épaissira un peu plus chaque jour jusqu'à bonne consistance.

A l'âge de deux mois et demi, on commencera à leur donner un peu de viande crue, sous forme de cœur de bœuf ou de cheval hâché très fin, très peu, une fois par jour en supplément de leur nourriture habituelle ; à ce moment on surveillera attentivement les crottes ; les premières fois qu'un jeune chien mange de la viande crue, il lui arrive de ne pas la digérer et on la retrouve intacte dans les crottes ; donc, on n'augmentera pas la proportion de viande crue tant qu'on la retrouvera dans les excréments, d'abord à l'état naturel, rouge, puis de plus en plus foncé et de moins en moins grande quantité pour disparaître complètement ; c'est à ce moment-là que l'estomac du jeune chien produit le suc nécessaire pour digérer complètement la nourriture carnée ; on pourra alors donner un repas complet de viande crue hâchée et trois repas de pâtée au lait ; puis à l'âge de deux mois et demi à trois mois, quatre repas par jour, deux de pâtée au lait, un de pâtée cuite (viande, pain et légumes) et un de viande crue hâchée. L'ail pilé sera toujours ajouté à l'une des pâtées.

A partir de l'âge de cinq mois, on pourra supprimer la pâtée au lait tout en laissant le lait comme boisson, et donner trois bons repas par jour composés, le premier d'une bonne portion de viande crue (hâchée ou coupée très fin), viande de cheval, bas morceaux de bœuf, rognures de boucherie, ces dernières doivent être très fraîches, etc., les deux autres repas seront composés d'une bonne pâtée assez consistante bien cuite et donnée tiède.

Cette dernière pâtée qui entre pour deux tiers dans la nourriture journalière et totale du chien sera très cuite, et légèrement salée ; elle renfermera toujours ces trois éléments : viande, légumes, céréales.

La viande, bœuf ou cheval, pourra être remplacée par de la tripaille fraîche qui aura été préalablement lavée à grande eau, des têtes de moutons, (une ou deux fois par semaine au maximum), de cheval, du foie de bœuf ou de cheval, etc., etc. La viande et principalement les abats devront bouillir pendant un assez long temps.

Les légumes seront de toutes sortes, coupés en petits morceaux et bien cuits: légumes verts, carottes, poireaux, salades, choux, etc., etc., nous ne conseillons pas la pomme de terre, mais si on y tient, elle sera écrasée ou bien on emploiera une espèce qui se met en purée en cuisant.

Comme céréales ; on emploiera le pain, le riz, le macaroni, des farines d'orge, d'avoine, de maïs, etc., on pourra donner aussi avec avantage des rognures de pâtes d'Italie. On ajoutera de temps à autre de la graisse dite « de rotis ». qui s'achète chez les charcutiers et dont le goût plait beaucoup aux chiens, ainsi que des rognures de couennes cuites, les dessertes, os, sauces, etc. On variera la pâtée, cela excite l'appétit des chiens, et la donnera à heures régulières, tiède, ni chaude ni froide ; chaude, elle peut causer des gastrites; froide, elle perd de sa saveur et est moins digestive.

On ne ménagera pas la viande aux jeunes, elle est nécessaire et essentielle quoiqu'en disent certaines personnes; il faut bien se rendre compte que le chien est un carnivore, sa dentition nous le prouve, elle est donc indispensable surtout pour les chiens de race pure ; seule la viande qui n'est pas en état de parfaite fraîcheur peut provoquer de l'eczéma, ou bien si le chien n'a pas l'exercice suffisant lui permettant de « brûler » ou éliminer les toxines produites par la nourriture carnée, d'où auto-intoxication à forme eczémateuse.

Le poisson, qui contient une forte proportion d'acide phosphorique, sera donné de temps à autre, dans la pâtée, c'est un excellent aliment ; on prendra de préférence du poisson n'ayant que la grosse arête du milieu, comme le colin ou la morue ; cette dernière, si elle n'est pas employée fraîche devra être soigneusement dessalée.

Le sucre étant excellent, ne sera pas ménagé, il ne gàte pas les dents ni ne fait trop engraisser les chiens comme bien des personnes le pensent à tort ; il sera donné souvent, à titre de récompense, ou dans le café qui est un bon tonique canin ; ce dernier sera donné chaque jour, la valeur d'un petit verre à liqueur jusqu'à trois mois, et une tasse ensuite.

Le sevrage

Dans notre précédent chapitre, nous avons laissé les chiots à l'âge de six mois environ et nos lecteurs penseront que nous avons oublié de parler du sevrage, ou en tous les cas, que nous en parlons un peu tard ; eh bien ! non ; le sevrage, comme nous l'entendons n'a pas une époque fixe, il se fait naturellement, doucement, insensiblement sans que rien ne soit changé à tout ce que nous avons dit précédemment.

Certaines chiennes sèvrent elles-mêmes leurs petits en mangeant copieusement et en allant tout de suite près d'eux leur rendre le repas qu'elles viennent de prendre ; cette pâtée... naturelle sur laquelle les jeunes se jettent avidement contient le suc gastrique de l'estomac de la mère dont la composition assimile les aliments autre que le lait et qui manque encore aux jeunes chiots. Les chiennes agissant ainsi, sont assez rares et ce ne sont en général que celles qui sont d'une forte constitution et le produit d'aucune consanguinité. Ce mode de sevrage est pratiqué par certains animaux sauvages ainsi que par les chiennes sauvages et demi-sauvages que nous ne voyons pas sous notre climat ; il faut considérer qu'à notre époque, les chiens, à force de domestication sont un peu dégénérés, car réduits à leurs propres moyens, bien peu de chiens redeviendraient à l'état sauvage et seraient par cela même capables de subvenir seuls à leur subsistance ; généralement les chiens pérdus meurent de faim s'ils ne se trouvent pas dans une chasse giboyeuse et s'ils n'ont pas une forte constitution. Donc si votre chienne a cette habitude, laissez-la faire, mais nourrissez-la en conséquence, non seulement au point de vue de la quantité des aliments, puisqu'elle devra manger pour plusieurs, mais aussi au point de vue de leur qualité elle ne devra manger que de la viande crue hâchée très fin et des pâtées passées ou réduites en bouillie fine. Il ne faudra quand même pas laisser à la mère le soin de nourrir entièrement toute sa nichée, si cette dernière dépasse le nombre de deux, mais, on leur donnera à manger comme nous l'indiquons dans le chapitre « Alimentation ». On ne donnera plus d'os à la chienne pendant cette période.

Ainsi le sevrage se fait simplement et sans transition ; on éloignera la mère de sa portée deux heures avant chaque repas et celui-ci terminé, on la laissera donner à téter ; de cette façon, les chiots, avançant en âge et en force se nourrissent de plus en plus, têtent de moins en moins, et le lait chez la mère diminue rapidement pour disparaître complètement. On peut voir alors la lice se sauver de ses petits dès qu'ils veulent la téter, même elle grognera après eux ; par ce grognement elle veut leur faire comprendre qu'ils perdent leur temps... cet avertissement n'est pas toujours compris et l'on peut voir la chienne se sauver où elle peut, pourchassée par sa meute de petits voraces et finir par se mettre dans un endroit caché d'eux ou élevé pour être enfin à l'abri de ces importuns. On croit souvent à ce moment que la chienne devient « mauvaise mère » non, mais elle sent qu'elle n'a plus de lait et la succion lui est douloureuse, tandis que lorsque les mamelles sont pleines, laisser téter ses petits la soulage ; c'est du reste la douleur causée par l'engorgement des mamelles qui indique à la chienne le moment d'aller près de ses petits ; il y a outre l'instinct maternel, un intérêt personnel.

Dès que la chienne s'enfuit de ses petits, il faut lui réserver un gîte d'un accès facile pour elle seule et suffisamment élevé de terre pour qu'elle ne soit pas importunée par ses chiots, ou bien on la fait sortir du chenil lorsqu'on la voit demander la porte, il faut qu'elle soit tranquille ; il n'y aura que la nuit qu'elle devra passer entièrement avec ses petits.

Ainsi donc, il n'y a pas de sevrage brusque et à époque fixe ; environ deux mois après l'accouchement, les mamelles commencent à diminuer, elles se rattatinent, et le lait en général, vers les trois mois, disparaît complètement. A ce moment, le sevrage étant définitif, on pourra séparer complètement la mère de ses chiots.

On pourra aussi, si l'on veut, à cette époque lui donner une purgation, mais ce n'est pas absolument nécessaire. On aura soin de lui laisser toujours de l'herbe fraîche à sa disposition ; de plus, la nourriture de la chienne sera ramenée à la ration habituelle qu'elle avait avant d'être saillie.

Hygiène

La vie du petit chien se passe ainsi : dormir, se réveiller, bailler, faire ses besoins, avoir faim, puis après être rassasié, jouer jusqu'à ce que le sommeil le reprenne et ainsi de suite ; donc, dès qu'il commence à se tenir sur ses pattes, il veut jouer et il essaie dès les premiers jours qu'il ouvre les yeux ; jouer est un besoin et plus il grandit, plus il veut jouer ; il sent qu'il lui est nécessaire de courir, s'ébattre, se battre, courser ses camarades, jouer, etc., la mère elle-même les fait jouer de son mieux, c'est là la simple raison pour laquelle il ne faudra jamais laisser un chien s'élever seul ; si on n'a pu en conserver qu'un seul de la portée, on s'arrangera pour avoir au chenil un autre chien de son âge, sinon, on s'astreindra soi-même à être son compagnon de jeu, on jouera avec lui à cache-cache, à se courser, à la balle, au bâton lancé, etc., et on peut même insensiblement l'habituer au rapport en l'amusant.

Le jeu étant une des premières nécessités pour la bonne santé des chiots, pour le faciliter, si le chenil qu'on leur alloue n'est pas assez grand, on devra les mener en promenade au moins deux fois par jour, promenades d'environ une heure chacune et faites autant que possible avant les repas.

Comme les plaisirs sont d'autant plus appréciés qu'ils sont variés, quand les jeunes atteindront l'âge de deux mois, il sera bon d'avoir en dehors du chenil un enclos spécial pour les ébats ou récréations ; on pourra se servir d'un verger par exemple, ou tout autre grand espace dans lequel on lâchera les jeunes chiens une ou deux fois par jour pendant une heure ; ce changement aura pour eux un attrait et leur joie se traduira par des courses folles et une ardeur au jeu qu'ils n'ont pas dans leur chenil habituel, et ce, au grand bien de leurs poumons et de leurs muscles.

Une autre chose est nécessaire aux jeunes chiens et qu'ils pratiquent du reste à cœur joie pendant leurs jeux : les cris et aboiements ; gymnastique pulmonaire indispensable au développement des poumons et des muscles pectoraux, il ne faudra pas les faire taire, mais les endurer, ils doivent japer à leur aise ; certainement, il est quelques fois pénible pour des oreilles humaines d'entendre une nombreuse portée aboyer à gueule-que-veux-tu, c'est un des petits inconvénients de l'élevage ; et s'il n'y avait que celui là, ce serait l'âge d'or pour les éleveurs.

L'espace couvert (hangar décrit plus haut) et bien sec que l'on réservera aux chiens devra être assez grand pour qu'ils puissent s'y tenir tous et s'ébattre les jours de pluie, comme à l'ordinaire. On pourra chaque jour les faire sauter par-dessus un bâton, d'abord il est toujours bon qu'un chien sache bien sauter, ensuite lorsqu'il est jeune, cela lui donne du jarret et un rein solide ; il est inutile de faire sauter très haut, l'effort pour le saut en hauteur, lorsqu'il est excessif n'est pas bon pour le jeune chien, il faudra proportionner l'importance du saut à la taille du chien ; la largeur du saut sera double de la hauteur.

Propreté des chenils Nous ne saurions trop attirer l'attention des éleveurs sur la très grande et scrupuleuse propreté qui doit être de rigueur dans les chenils où l'on fait l'élevage si difficultueux des chiens de race pure qui sont en général très délicats.

Pour la propreté du chenil, il faudra éviter que les chiens n'urinent partout et principalement, comme ils le font presque toujours, contre les boiseries ; on n'aura qu'à installer dans différents endroits du chenil, un bâton haut de 0,70 à 0,80 cent. fiché en terre et entouré de paille formant un assez gros volume ; les chiens iront de préférence uriner dessus en négligeant les autres endroits, ce que l'on désire obtenir ; la paille sera renouvellée assez souvent afin de ne pas amener de mauvaise odeur. Ces " urinoirs canins " ont l'avantage de désabituer les chiens d'uriner partout ailleurs. Le lecteur sourit en lisant ces mots " urinoir canin ", nous n'en sommes pas froissés, car cette innovation qui n'est pas nôtre, n'est pas nouvelle et notre gravure montre qu'au XVIᵉ siècle on installait déjà de ces sortes d'urinoirs dans les chenils.

Un chenil du xvrᵉ siècle, d'après Jacques du Fouilloux.

Le nettoyage du chenil sera fait quotidiennement. Pour les niches, nous indiquons plus haut au cours du chapitre « Habitation » la manière de les nettoyer, mais il faudra de plus les désinfecter. Pour ce faire, on peut employer la fumée : lorsque la niche sera vide et bien balayée, on y introduira une pelle que l'on posera sur une brique et sur laquelle on mettra quelques morceaux de braise ou de charbon de bois bien rouges, on jetera sur ce charbon une poudre (mélange de sucre et de soufre) et l'on bouchera l'entrée de la niche. On laissera la fumée y séjourner pendant une bonne demi-heure.

Désinfection

On peut faire aussi la désinfection par l'eau bouillante additionnée d'hypochlorite de potassium (eau de Javel) ou d'un antiseptique ; on pourra pour cette sorte de désinfection, employer une petite pompe d'arrosage à main ou une grosse seringue ; il faut que l'eau arrive bien bouillante dans tous les coins et interstices.

Pour les niches faites avec des tonneaux, c'est plus simple ; on placera le tonneau droit, on jettera une poignée de paille dans le fond, on y mettra le feu et on bouchera toute ouverture pendant une demi-heure. Pour l'emploi de l'eau de Javel citée plus haut et de l'eau bouillante : après l'avoir versée dans l'intérieur du tonneau on le roule dans tous les sens comme le font les marchands de vins qui rincent leurs tonneaux ; il n'y faudra remettre les chiens qu'après séchage complet.

Avec une niche d'élevage, on emploiera notre premier moyen, les niches-tonneaux n'étant commodes à employer que pour les jeunes chiens ayant plus de trois mois. On pourra désinfecter par le pétrole, en badigeonnant partout avec un pinceau, ce moyen demande un peu de temps pour sécher et l'odeur du premier jour peut quelquefois incommoder les chiens.

Par les temps secs et chauds on aspergera légèrement chaque jour le sol avec une solution antiseptique et par les temps humides ou froids on jetera à la volée tout simplement du sulfate de fer en poudre que l'humidité de l'atmosphère suffira à faire fondre ; ce dernier a l'avantage de ne pas être nuisible à la santé des chiens au cas où ils en absorberaient en jouant ou en se roulant par terre.

Les gamelles à pâtée seront bien lavées à l'eau bouillante après chaque repas, et ce, malgré qu'elles auront été bien léchées ; cette propreté des gamelles est trop souvent négligée dans nombre de chenils. Les gamelles émaillées spéciales pour chiens, qui sont non-renversables seront employées de préférence à tout autre ustensile.

Dès les premiers jours de la naissance des chiots on surveillera la propreté de la cicatrice ombilicale ; pour le reste, la mère se charge elle-même de la besogne qu'elle fait consciensement en absorbant les déjections de ses petits tant qu'ils se nourrissent de son lait, mais naturellement elle ne peut lécher la paille mouillée par l'urine et quand elle a un certain nombre de petits elle ne peut pas les faire uriner tous à la fois ; on sait que la mère provoque la miction de ses petits en les léchant ; il faudra donc essayer autant que possible d'éviter l'humidité de la paille. Les jeunes font leurs besoins dès le réveil, aussi vers l'âge de trois semaines on pourra arriver doucement à l'heure habituelle du réveil et le provoquer brusquement, soit en tapant des mains, soit en frappant contre la niche, puis, avant qu'ils n'aient eu le temps de revenir de leur surprise et qu'ils sont en train de bailler, on les mettra hors de la niche en les empoignant un de chaque main par la peau du cou ; un peu plus tard on les fera sortir en les poussant doucement, mais rapidement, hors de la niche et enfin un peu plus tard encore on les habituera a sortir en les appelant, toujours avec le même mot ou la même appellation ou bien en tapant des mains. Ainsi on les habituera à sortir dès le réveil et à faire leurs ordures dehors, on nettoiera et évitera ainsi à la mère l'absorption inutile des déjections en lui laissant seulement la charge de la propreté pendant la nuit.

A partir de l'âge de deux mois la toilette ou pansage des jeunes sera fait chaque matin ; on les brossera avec une petite brosse pas trop dure, d'abord à rebrousse poil, puis dans le sens du poil. Avec une éponge ou un

Hygiène des chiots

La toilette des chiots

gros morceau de coton hydrophile, on lavera le museau et les yeux ; de la toilette dépend souvent la beauté du poil.

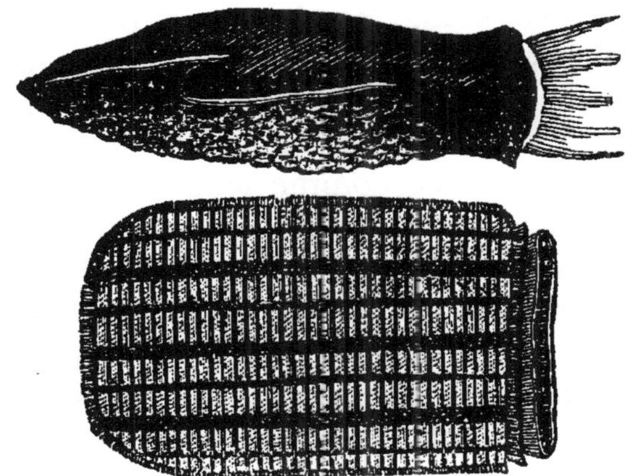

PEIGNE POUR CHIOTS

Les chiots à poil dur seront peignés chaque jour avec un peigne de métal à dents larges et espacées. Pour ceux à poil ras, l'emploi du gant de crins est excellent.

GANTS DE CRINS SPÉCIAUX POUR CHIENS (Modèle Spratt's Patent).

La Boisson

La boisson des jeunes chiens sera toujours fraîche et propre ; quand ils arriveront à l'âge de manger de la pâtée à la viande et aux légumes il leur faudra à boire en permanence. La boisson sera placée dans un endroit reculé du chenil, à l'abri du passage des chiots et assez haut pour qu'ils n'y puissent barbotter ; elle sera renouvellée chaque fois qu'elle aura été souillée. En été on la mettra à l'ombre et en hiver si la température est froide, on y ajoutera un peu d'eau chaude pour la tiédir ; par les temps très froids et lorsqu'il gèle, on ne leur laisse plus l'eau en permanence, mais régulièrement trois fois par jour on leur donne à boire. On pourra ajouter à l'eau de boisson, en alternant, soit une pincée de bicarbonate de soude, ou quelques grains de sulfate de fer.

A part les chiens de petite race dits chiens de luxe, tous les chiots devront s'habituer à vivre dehors par n'importe quel temps ou température et cela dès le plus jeune âge ; du reste la niche pour la mise-bas devra être placée dehors, de sorte qu'ils s'habitueront à vivre au grand air dès leur naissance. On ne laissera pénétrer les chiots dans la maison que peu de temps et comme récompense ou récréation ; mais leur place, si on tient à ce qu'ils deviennent forts et résistants, est dehors. On évitera avec soin de les laisser pénétrer dans une pièce trop chauffée, même pendant quelques instants, et de se placer près du feu comme les chiens aiment tant le faire. Si la portée vient en hiver, il n'est point nécessaire de placer les jeunes dans un endroit chauffé, on mettra simplement la niche, comme nous l'avons expliqué, dans un endroit sec en évitant le nord et avec un rideau mobile devant l'ouverture ; on pourra, si la température est trop rigoureuse tapisser l'intérieur de la niche de paillassons ou de sacs. Le vent et l'humidité sont seuls dangereux, mais non le froid. On ne craindra donc pas de laisser les chiots dehors par la gelée et la neige, s'ils sont plusieurs, ils joueront, se réchaufferont et rentreront ensuite dans leur niche pour dormir.

Quand ils sont tout jeunes, la mère suffit à leur donner la chaleur qu'ils n'ont pas par le manque de mouvement ; au dehors, le chiot se réchauffe en jouant et, dans la niche, au contact de ses frères et sœurs ; un chien qui serait seul en hiver devrait être mis, s'il n'a pas sa mère, avec un compagnon de n'importe quel âge et qui aime la société des jeunes, pour qu'il puisse coucher avec lui et se réchauffer entre ses pattes.

Pour les chiens de petites races, s'ils ne sont pas dans la maison on pourra leur mettre une bouillotte d'eau tiède souvent renouvelée sous la litière, mais seulement quand ils sont assez grands pour sortir et courir et que la mère ne vient plus près d'eux ; en général on élève ces petits chiens dans la maison, car ils sont habitués à y vivre continuellement.

Bains On ne donnera pas de bains froids aux chiots, mais par les saisons chaudes ou tempérées, un bain chaud sulfureux chaque mois est une bonne habitude, quand les chiots atteignent l'âge de trois mois ; on aura soin au sortir de ces bains de bien sécher les chiens avec des torchons chauds et même de les bouchonner ensuite au gant de crins et de les frictionner à l'alcool.

On isolera autant que possible la portée des autres chiens du chenil et n'admettra auprès des jeunes aucun étranger, jeune ou vieux, qu'après lui avoir fait subir une désinfection sérieuse et complète, intérieure (salol ou traumatol) et extérieure (bains et frictions antiseptiques) et lui avoir imposé une quarantaine d'une dizaine de jours. La contamination peut très bien se faire par le contact de chiens en bonne santé et qui portent en eux-mêmes ou dans leurs poils des germes morbides. La désinfection interne comporte également un lavage et brossage des dents qu'il est facile de faire à l'aide d'une toute petite brosse à dents imprégnée de bicarbonate de soude et de poudre de charbon pulvérisé, parties égales. Il est bon d'habituer les chiens au brossage des dents, parce que dans les cas de maladies dentaires ou de stomatite, ils se prêtent plus facilement à ce nettoyage, qui alors est nécessaire, s'ils y sont déjà un peu habitués. On évite aussi par ce moyen la carie des dents et la mauvaise haleine.

ermines **s chenils** La vermine est un des soucis constants des éleveurs, malgré la propreté d'un chenil on voit en été les puces faire leur apparition ; non seulement la vermine est malpropre et bien désagréable pour celui qui aime à avoir ses chiens près de lui, mais encore elle est dangereuse en ce sens qu'elle fatigue et énerve les chiots délicats et peut à la longue les amener à un état de faiblesse générale et de cachexie.

Puces De tous les parasites spéciaux aux chiens, les plus gênants pour les personnes sont les puces, car quoique les puces des chiens ne soient pas les mêmes que les puces humaines, elles ne manquent pas, quand l'occasion se présente, de faire un bon repas sur la peau du maître avant de retourner sur son hôte habituel, le chien. Le grand désagrément de la puce, est qu'elle pond son œuf, elle n'en pond qu'un à la fois, mais combien souvent, non sur l'animal, mais dans la paille ou le plancher où ensuite elles pullulent ; c'est pourquoi on a beau débarrasser les chiens des puces, ils en ont tout autant le lendemain; c'est donc dans le chenil même qu'il faudra faire une hécatombe de ces parasites et principalemet dans les niches. Avec une seringue de métal on imprégnera tout ce qui est bois et maçonnerie d'eau bouillante ; ce moyen est excellent à condition toutefois que l'eau arrive encore assez chaude (80 degrés) dans tous les interstices où se trouvent les larves et les œufs qu'elle détruira alors immédiatement ; cela cause malheureusement de l'humidité et ne sera employé de préférence que l'été ; en hiver, les puces sont plus rares, cependant si il y en avait dans le chenil ou dans les niches, on emploierait alors le pétrole au lieu de l'eau bouillante.

Les niches faites avec des tonneaux ayant contenu du pétrole sont en général exemptes de vermines.

Pour débarrasser les chiots des puces qui les affectionnent particulièrement et les préfèrent aux chiens adultes, l'épuçage à la main est à notre avis le meilleur moyen. Tout ce que l'on peut mettre dans le poil des chiots, lorsque le produit est assez puissant pour tuer la vermine, peut être dangereux pour la santé de l'animal qui se lèche toujours quand il sent qu'il a quelque chose sur le poil. Si d'écraser les puces entre les doigts répugne à bien des personnes ou si le chien en a en trop grande quantité, on aura à côté de soi un récipient d'eau chaude additionnée d'un peu d'eau de Javel et on y jettera les puces au fur et à mesure ; ou encore: on peignera le chien avec un peigne fin ordinaire et à chaque coup de peigne on jettera tout ce qui s'y trouve dans le récipient. La poudre de pyrèthre employée très fraîche peut débarrasser des puces en l'employant ainsi : on se servira d'un soufflet spécial, soufflet à punaises, rempli de poudre, puis d'une main on soulèvera le poil à contre sens, de l'autre on insufflera la poudre et ainsi partout le corps; on mènera ensuite le chien sur une route ou un endroit écarté et l'on le brossera avec une brosse assez dure, d'abord à rebrousse poil, puis dans le sens du poil; les puces seront toutes engourdies par la poudre et tomberont dès le premier coup de brosse, mais elles ne seront pas mortes ; on pourra arroser l'endroit où elles seront tombées avec une solution antiseptique ou de l'eau bouillante. La poudre de pyrèthre ne tue pas les puces, mais elle les engourdit et on peut ainsi les attrapper facilement.

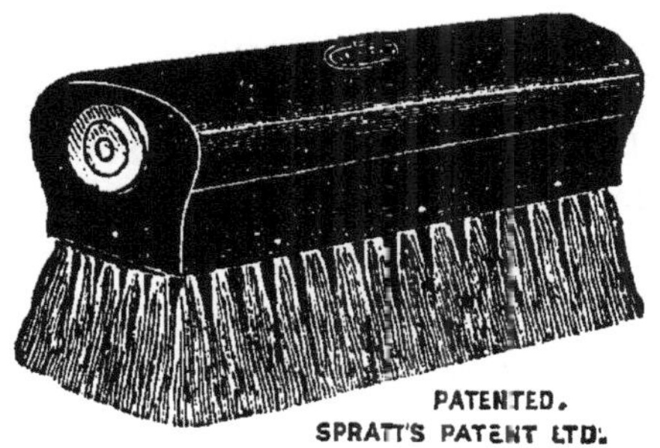

BROSSE A POUDRE INSECTICIDE

On poura aussi employer une brosse spéciale dont la monture est creuse et percée de trous du côté brosse; on y introduit la poudre qui tombe dans les poils pendant le brossage.

Poux   Au contraire des puces, les poux du jeune chien vivent sur lui ; les femelles y pondent leurs œufs le long des poils ; c'est pourquoi on devra moins s'attacher à la désinfection du chenil qu'à celle du chien qui attrappe les poux par le contact d'un autre chien pouilleux. Des œufs pondus le long des poils sortent non des larves, mais des petits poux qui, suivant l'exemple de leurs parents entrent la tête dans la peau du chien et ont ainsi l'apparence de pellicules, ils se multiplient prodigieusement et arrivent à former des croûtes, puis des ulcérations douloureuses. Il est très difficile de débarrasser les chiots des poux à cause de leur adhérence et principalement les chiots à poil long que l'on sera obligé, dans ce cas, de tondre. On trempera les chiots un par un dans un grand bain chaud sulfureux ou dans le bain insecticide contenant la solution suivante :

      Carbonate de soude . . . . . 50 grammes.
      A dissoudre dans eau chaude. . 1 litre.

puis, faire infuser dans cette solution 10 grammes de poudre de staphysaigre. On augmente les proportions de chaque substance suivant le nombre de litres d'eau nécessaires pour le bain. Avec une petite brosse à ongles et du savon noir on brossera dans tous les sens et partout le corps, principalement au bord des oreilles afin d'atteindre les poux ; un bain simple ne pourrait donner le même résultat ; on placera le chiot immédiatement dans un autre bain chaud semblable au premier pour le rincer et on le séchera avec des torchons chauds, enfin on terminera l'opération par une friction à l'alcool camphré. Le chien n'ira dehors que lorsqu'il sera tout à fait sec. En général cela suffit et il n'est point nécessaire de recommencer cette opération ; les poux ne sont pas toujours détachés de la peau, mais ils sont morts quand même, il est facile du reste à s'en rendre compte en les regardant à la loupe, petit instrument que tout éleveur doit posséder ; petit à petit les poux morts se détacheront et tomberont. Les poux de chiens ne vont pas sur l'homme.

Les ixodes, tiques ou poux de bois ne s'attrappent que lorsque les chiens vont au dehors, dans les buissons, petits bois, etc. On devra exercer une surveillance constante à ce sujet sur les chiots parce que l'ixode femelle, très prolifique, pond des milliers d'œufs dans l'endroit où elle tombe après s'être détachée du chien une fois repue du sang de son hôte ; ces parasites peuvent ainsi infester un chenil. Les tiques ont l'apparence d'une graine de ricin, de teinte blanchâtre, plombée s'attachant principalement aux oreilles des chiens en enfonçant leur tête, qui est munie de petits crampons, dans la peau.

Les chiens revenant de la chasse en rapportent souvent aux jeunes qui sont restés au chenil. L'arrachement brutal d'une tique cause une vive douleur au chien qui l'exprime par un cri ou une plainte, il faudra donc agir avec précaution ; on touche les tiques avec un mélange d'huile et de benzine, parties égales ; ils meurent et tombent ; ou bien avec de petits ciseaux bien coupants ou coupe le corps de l'ixode en deux. En les arrachant doucement la tête reste dans la peau et pour éviter cela on les arrachera d'un coup sec, après avoir eu soin de les toucher avec une goutte de pétrole.

Pour débarrasser un chenil et ses niches des tiques, on emploiera les mêmes moyens que nous citons plus haut pour les puces.

Les rougets, trombidions ou aoutats, qui intriguent et inquiètent quelquesfois un éleveur à ses débuts, sont des tout petits parasites d'un rouge orangé, qui se piquent dans la peau et forment des sortes de croûtes ayant l'apparence d'un morceau de pelure d'orange ; les chiens les attrapent dans les herbes et surtout dans les vignes au mois d'août et septembre ; ces parasites qui sont très petits n'ont rien de dangereux et tombent d'eux-mêmes vers la fin de septembre. Ils causent cependant de la démangeaison, et on n'aura qu'à toucher les parties atteintes par les rougets avec un peu de pétrole rectifié ; les aoutats vont aussi sur l'homme, de préférence sur le cuir chevelu.

En été, pendant les grandes chaleurs, on évitera les mouches qui viennent agacer les chiens, par la grande propreté de ces derniers et de leur logement, on retirera tous restes de nourriture, os, pâtée, lait, etc., qui peuvent attirer les mouches ; on pourra placer un attrape mouches à l'entrée de la niche on en suspendre dans le chenil.

Nous ne saurions trop attirer l'attention des éleveurs sur les conséquences que peut causer la vermine ; d'abord les chiots débiles, malingres ou rachitiques en sont les premiers et de préférence envahis. D'autre part, outre les ulcérations que causent les poux, les démangeaisons constantes peuvent provoquer chez les chiots nerveux, un état morbide qui peut devenir mortel ; le chien de race pure étant un chien excessivement nerveux et irritable. On apportera donc tous ses soins à éviter la vermine, un chenil bien tenu s'entretient facilement dans un état constant de propreté ; il est exempt de vermine et est pour beaucoup dans la progression en force et en beauté des jeunes chiots ; plus un chenil est propre, plus sa porte est fermée aux maladies en général, et à la « maladie » en particulier.

Soins vétérinaires

Soins élé-
mentaires

Comme nous le disons dans notre « Avant-Propos », nous voulons éviter de traiter la médecine vétérinaire proprement dite, puisque ce petit volume est consacré exclusivement à l'élevage des portées ; néanmoins, il y a certains cas qui se rencontrent si souvent au cours de la première année de l'existence des chiens et qui, sans qu'on ait besoin d'appeler un vétérinaire, demandent cependant quelques soins assez éclairés, et nous croirions être incomplets si nous les passions sous silence.

Vers

Une des fréquentes causes de mortalité chez les jeunes chiots sont les vers, qui provoquent la mort soit par crises nerveuses, soit par étouffement quand ils sont en trop grande quantité, soit enfin par perforation des intestins; ils peuvent aussi donner des convulsions. Ils s'attrapent partout, et, n'importe où le chiot peut lécher, il absorbe des œufs qui éclosent dans son estomac ou son intestin. Les jeunes peuvent en avoir dès les premiers jours de leur existence ; des œufs se trouvant sur les poils du ventre ou sur les mamelles de la mère, pénètrent dans leur corps par les têtés. Il faudra, avant d'enlever les crottes, les arroser d'une solution antiseptique ou d'eau bouillante afin de tuer, non seulement les vers expulsés, mais principalement les œufs qui restent à terre et sont absorbés par les jeunes chiens pendant leurs jeux.

Ascarides

En général, les vers des jeunes chiens sont des ascarides, sorte de vers blancs, ronds, ayant la forme de vermicelle et mesurant de cinq à dix centimètres de long ; ils sont tantôt roulés en boules, tantôt dans leur longueur, selon qu'ils sont en plus ou moins grand nombre ; lorsqu'ils sont dans l'intestin, on les trouve peu ou très nombreux dans les excréments ; quand c'est dans l'estomac qu'ils ont élu domicile, ils occasionnent des vomissements, de la toux, et de temps à autre même, ils sortent par la gueule du chien.

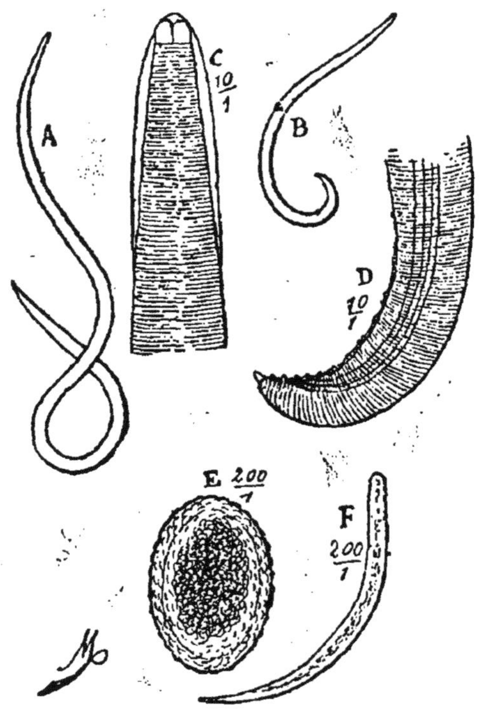

ASCARIDES

A. femelle, B. mâle, C. tête de l'un et de l'autre grossie,
D. extrémité postérieure du mâle grossie, E. œuf très grossi.

Si les ascarides sont dans l'estomac, on en débarrassera le chiot par un vomitif (un gramme d'ipéca pour un chiot de race de moyenne taille) ; mais en général, ils sont dans l'estomac et dans l'intestin ; dans ce cas, d'abord un vomitif, puis deux jours après on adminis-

**Vermifu-
ges**

trera un premier vermifuge, soit un biscuit de santonine, le même que celui à l'usage des enfants, délayé dans un peu de lait et donné à jeun ; puis, un second vermifuge trois ou quatre jours après ; puis un troisième huit jours après et enfin, un chaque quinzaine jusqu'à complète disparition des vers. On pourra remplacer le biscuit à la santonine par le semen-contra à la dose de un gramme ; de la santonine à la dose de dix à vingt grammes ou de la poudre de noix d'arec *fraîche* à la dose de un à trois grammes ; tous les vermifuges s'administrent à jeun.

Ténias

Outre les ascarides, les jeunes chiens peuvent avoir des tænias, dont les plus fréquents sont le tænia serrata

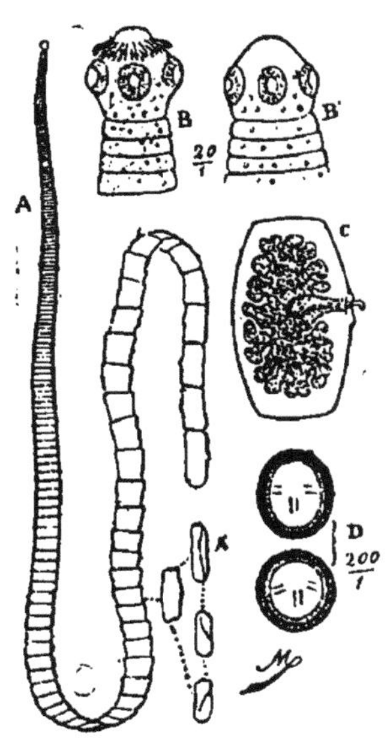

TÆNIA SERRATA

A. tænia, A· anneaux détachés,
   B B·. sa tête grossie avec et
   sans crochets, C. un anneau
   mur grossi, D. œufs du même
   très grossis.

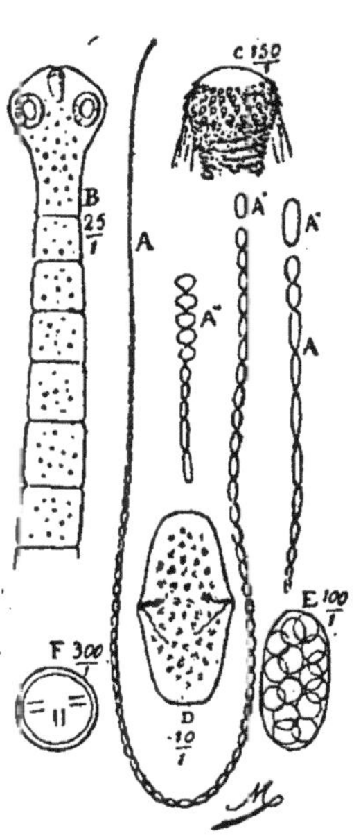

TÆNIA CUCUMERINA

A. tænia, B. sa tête grossie,
   C. son rostre encore plus
   grossi, D. un anneau, E. un
   globe ovigère, F. un œuf.

et le tænia cucumerina ; dans ce cas, on trouve dans les excréments des anneaux qui sont, pour le premier, de couleur blanche, quelques fois rosée et même rouge ayant une forme rectangulaire qui change selon leurs mouvements de reptation et de contraction ; pour le second, de couleur rosée, plus petits et de forme cylindrique, arrondie aux deux bouts comme un grain de riz. Ces anneaux sont vivants et forment chacun, une fois détachés les uns des autres, un animal complet qui devient un véritable tænia.

Il y a plusieurs autres espèces de tænia et pour chacune de ces espèces on voit toujours des anneaux dans les crottes des chiens.

Pour débarrasser les chiots des tænias, on emploiera soit de la poudre de noix d'arec fraîche (cette dernière, quand elle est fraîche est d'une belle couleur rouge brique et lorsqu'elle est ancienne, grisâtre), à la dose de deux à cinq grammes suivant la taille des chiots ; comme pour les vermifuges, les ténifuges s'administrent toujours à jeun ; pour ces derniers il est même préférable de supprimer le dernier repas de la veille. Un excellent ténifuge est le kamala, employé également à la dose de deux à cinq grammes, ainsi que l'extrait de fougère mâle, 4 grammes. Il faut voir si la tête est bien expulsée, sinon, on redonnera un second ténifuge quatre ou cinq jours après ; un chien peut avoir plusieurs tænias de la même espèce ainsi que d'espèces différentes. Il existe d'excellents ténifuges préparés par des spécialistes et comportant un dosage spécial suivant l'âge et la taille des chiots, comme par exemple, les capsules Kam fabriquées par M. Muthelet.

Il y a, chez les jeunes chiots, deux sortes de diarrhée qu'il ne faut pas confondre, ayant chacune une cause différente. La diarrhée du premier âge, qui les prend dans les premiers jours de leur existence, est dûe à une inflammation de la plaie du cordon qui se trouve infectée et malpropre ; il faudra donc, pour éviter cette diarrhée, et tant que la plaie du cordon ombilical ne sera pas complètement cicatrisée, veiller à la propreté de cette partie : lavages fréquents à l'eau bouillie tiède et en cas d'irritation, on appliquera un tampon d'ouate hydrophile imbibé d'eau oxygénée après avoir préalablement lavé la plaie. C'est pourquoi nous recommandons dans un précédent chapitre l'emploi d'un tapis sous la paille de la niche ; l'infection de la plaie ombilicale étant presque toujours occasionnée par le frottement du ventre du petit chien contre le bois quand il rampe.

Un peu plus tard, lorsque les jeunes commencent à prendre une nourriture autre que le lait de la mère, il peut apparaître de la diarrhée plus ou moins forte, depuis les matières simplement liquides et mousseuses jusqu'à celles ne renfermant que du sang. Cette diarrhée peut être dûe au froid du lait ou de la pâtée ; c'est la raison pour laquelle nous recommandons plus haut dans le chapitre « Alimentation », si on a un certain nombre de chiots, de faire réchauffer les aliments à nouveau et spécialement pour chacun ; ou elle peut être dûe encore à l'humidité du logement des jeunes ainsi qu'à des aliments de qualité secondaire. Quelquefois l'apparition de la diarrhée est le commencement de la « maladie ».

Pour enrayer la diarrhée

On évitera cette diarrhée en mettant les jeunes au sec et en ne leur donnant que des aliments de toute première qualité. Dès l'apparition de la diarrhée, on administrera une purgation douce, huit à dix grammes d'huile de ricin et on donnera deux fois par jour une pincée soit de salol, soit de benzo-naphtol, ou bien deux pillules de deux centigrammes de traumatol par jour ; au cas où la diarrhée serait très violente, on administrerait en outre la potion suivante ;

<pre>
        Salicylate de Bismuth . . . 2 gr. 50
        Elixir Parégorique . . . . 1 gr.
        Sirop de ratanhia. . . . . 40 gr.
        Eau . . . . 25 gr.
</pre>

Une cuillerée à café d'heure en heure ; au bout de cinq à six cuillerées, la diarrhée doit, sinon s'arrêter, du moins se calmer.

La hernie ombilicale se rencontre souvent chez les chiots et n'est pas grave, les cas d'étranglement étant très rares ; il arrive même qu'elle disparaît seule, sans traitement, si le chiot qui en est atteint est logé dans de bonnes conditions d'hygiène et est nourri substantiellement. Ce sont principalement les chiots débiles ou mal nourris qui sont atteints de hernie ombilicale qui peut aussi être héréditaire. Au cas où elle persisterait, on pourrait la faire opérer par un vétérinaire, mais il est un moyen simple, à la portée de tous et qui remplace avantageusement l'intervention chirurgicale. Placer le chien étendu sur le dos, pincer la peau entre le pouce et l'index en ayant soin de faire rentrer la hernie, puis avec du cordonnet de soie ou du caoutchouc, on entoure solidement et bien serré la base de la peau entre le ventre du chiot et les deux doigts. Au bout de quelques jours, la poche formée par la peau, meurt et tombe, laissant une petite cicatrice que l'on touche une fois par jour pendant deux ou trois jours avec de la teinture d'iode. Le système d'appliquer un sou ou autre objet dur semblable est inutile et ne réussit pas.

Les chiots à l'allaitement sont atteints quelquefois de varicelle, maladie très bénigne et sans importance, qui consiste en une éruption de petites pustules siégeant principalement sur les parties dénudées, le ventre, la partie interne des cuisses, etc. Cette affection dure environ dix à quinze jours et disparaît d'elle-même, les boutons sèchent et s'exfolient, puis tout rentre dans l'ordre. Il suffira de tenir les parties affectées très propres par des lavages deux fois par jour avec de l'eau bouillie boriquée tiède, puis on séchera avec un linge fin bien sec ou avec un tampon de coton hydrophile.

Pour des raisons diverses et spéciales à chacune, on coupe la queue chez certaines races de chiens ; on procédera à cette petite opération avant que les jeunes n'aient l'âge de quinze jours. La manière la plus courante de couper la queue consiste tout simplement à prendre une paire de bons ciseaux et à couper net à l'endroit désiré ; le sang coule un peu, la mère lèche, il se forme une croûte qui tombe au bout d'une quinzaine de jours et tout est dit. Malheureusement, cela est bien pour un chien quelconque, mais pour un chien de race, il est toujours ennuyeux qu'il lui reste au bout de la queue une petite partie qui ne se recouvre pas ou mal de poil, car cela déprécie sa valeur.

Pas de cicatrice Voici un bon moyen d'éviter cette fâcheuse cicatrice qu'indique M. Pierre Mégnin dans un de ses livres de Médecine Vétérinaire. " Dans le dessin ci-dessous nous figurons les différents temps de l'opération ; on commence par couper les poils à ras de l'endroit où aura lieu la section qu'on marque par un trait au crayon ; au-dessus de ce trait, on place un lien hémostatique pour prévenir l'hémoragie et qui n'est autre qu'une ficelle liée en nœud de saignée (A). Voilà le premier temps. Le deuxième temps consiste à couper la queue d'un seul coup de ciseaux à l'endroit marqué par une ligne de points (B) ; puis, la

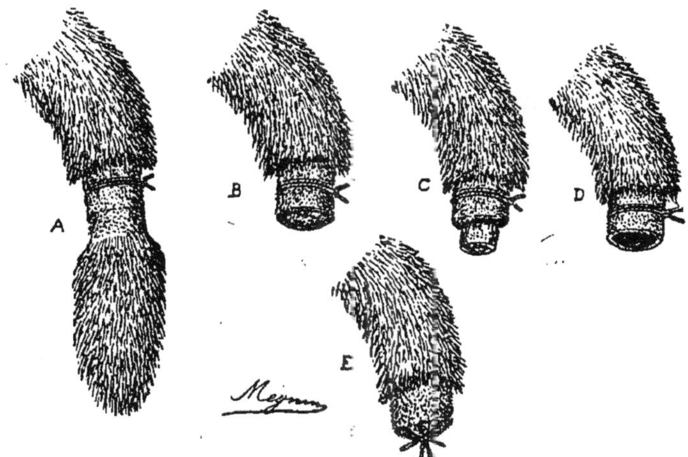

peau ayant une certaine mobilité sur le noyau, on la repousse en haut le plus possible de manière à faire saillir d'environ un centimètre du dit noyau que l'on coupe encore (C), puis on fait descendre la peau qui forme alors un véritable lambeau cylindrique (D). On en coud le bord en croix (E). On enlève le lien hémostatique et tout est fini. La cicatrice qui suit promptement se recouvre entièrement de poils qui finissent par constituer un très beau pinceau. "

On procède de même pour les Schipperkes, seulement on coupe la queue à ras des fesses, et après avoir écarté les lèvres de la plaie, on coupe encore à l'aide de fins ciseaux courbes tout ce qui reste du coxis, puis on coud les lèvres de la plaie très serré. Après la guérison et lorsque le chien est adulte, on ne voit aucune trace de l'opération ni de la queue.

Pour les oreilles, il faut attendre un peu plus tard entre deux et trois mois, pour voir la forme exacte que prend la tête du chien ainsi que l'orientation des oreilles, ce qui influe sur la forme que l'on donne à l'oreille en la coupant.

Il y a un excellent instrument pour couper bien et régulièrement les oreilles des chiens qui existe en Allemagne ; malheureusement il n'est pas répandu en France et même très peu de vétérinaires le possèdent.

Le principal et le plus difficile est de couper les oreilles exactement de la même façon et pareilles. Le mieux pour cela est d'appliquer une oreille à plat sur une table ou une planche en tenant le chien soit sur les genoux, soit sur un tabouret ou une chaise, et avec un crayon bleu ou de la craie, on trace la ligne sur laquelle passeront les ciseaux ou le rasoir ; si les oreilles doivent être coupées en ligne droite, on prendra une régle pour faire le tracé au crayon, puis, avec un morceau de carton on prendra le dessin exact du contour que l'on veut donner à l'oreille en suivant la ligne tracée sur l'oreille même et l'on reportera ce carton, en s'en servant comme les couturières d'un patron, sur l'autre oreille où l'on tracera également un trait au crayon. Donc, voici les deux oreilles bien marquées et tracées ; il n'y a plus qu'à couper. Prendre deux baguettes de bois entre lesquelles on pince l'oreille et dont on attache bien solidement les

Pour les
Schipper-
kes

Les oreil-
les

Comment
les coupe

deux extrémités, ceci pour éviter le saignement, on peut employer également un fer à tuyauter que possèdent toutes les ménagères, et avec un rasoir pour la coupe droite et une paire de ciseaux courbes pour la coupe arrondie,on coupe les oreilles. Avant de délivrer l'oreille prise entre les deux petites baguettes de bois, on passera sur la plaie un peu de teinture d'iode ou d'eucalyptus ou encore on saupoudrera avec de l'antipyrine, et quand la plaie sera sèche on retirera les oreilles de leurs petits appareils.

Mauvais port oreilles Les chiens qui, de par leur race doivent porter les oreilles droites naturellement et sans être coupées et qui ont le défaut de les porter tombantes ou coquillées, doivent être soumis à des soins spéciaux pour redonner à l'oreille sa forme exigée. Il ne faudra pas attendre pour cela, et dès que le jeune chien commencera à mal porter les oreilles, on fera au moins deux fois par jour un massage de l'oreille allant de la base vers l'extrémité; puis on mettra à l'intérieur un petit cornet de carton qui devra donner à l'oreille la forme et le port voulus; pour que ce cornet reste dans l'oreille, il suffira d'appliquer un petit filet dans le genre de celui qu'on met aux oreilles des chevaux ; ou bien on entourera les oreilles de petites ficelles qui viendront se nouer sous le cou du chien ; on peut encore fabriquer une sorte de béguin en étoffe légère ; tout ce petit appareil sera retiré pour la nuit.

Les ergots Les ergots se coupent chez certains chiens et pour des raisons diverses qu'il serait oiseux d'expliquer ici ; on fait cette ablation vers l'âge de six à huit jours, on emploie des ciseaux courbes et on touche la petite plaie avec un crayon de nitrate d'argent.

Le seton Le seton remplace avantageusement le vésicatoire, il est plus actif, étant un existant de la phagocytose qui réagit contre l'envahissement de l'organisme par les germes morbides ; on l'emploit dans les cas de pneumonie, bronchite, méningite, etc., il est quelquefois excellent tout au début de la « maladie du jeune âge ».

On emploie pour les chiens les setons à mèche ; avoir : un bistouri, une aiguille à seton, des ciseaux et une bande d'étoffe ou petit ruban de coton large d'un demi-centimètre environ. Couper le poil sur toute la longueur qu'aura le seton, nettoyer la peau, après savonnage, avec de l'éther ; faire avec le bistouri une incision, prendre alors la peau entre le pouce et l'index d'une main et la soulever ; de l'autre, introduire l'aiguille enfilée de ruban dans le trou en allant sous la peau dans le sens du poil ; arrivé à l'endroit où l'on veut faire sortir l'aiguille, par une brusque pression on lui fait traverser la peau ; on retire l'aiguille et noue les deux bouts du ruban. Les instruments ainsi que le ruban seront bouillis avant l'opération. Le seton se place généralement à la nuque. Le but du seton est d'amener l'humeur, mais il faut néanmoins éviter l'infection en le nettoyant chaque jour avec de l'eau bouillie boriquée, il sera retiré au bout de quatre à huit jours ; à ce moment la plaie sera désinfectée et nettoyée avec de l'eau oxygénée deux à trois fois par jour, et lorsque la suppuration aura complètement cessé on appliquera de la teinture d'iode une fois par jour pendant quatre ou cinq jours. Pour les chiens de petites tailles, on emploiera une grosse aiguille de tapissier enfilée d'une mèche de chanvre ou de coton dit « à repriser » ; on n'emploiera pas le bistouri, on pincera la peau en la tirant et on traversera les deux parties de peau du même coup.

Nous terminerons ce chapitre par quelques mots sur la « maladie » du jeune âge, cette mystérieuse affection qui a tant fait parler et écrire, tant fait travailler maints savants vétérinaires et qui, malgré tout, nous laisse encore dans le champ des hypothèses.

La « maladie » est contagieuse, mais il y a aussi le terrain qui est nécessaire, cela est indéniable ; on voit souvent un chenil dont les trois quarts des chiens sont atteints, les uns d'une façon bénigne les autres mortellement et le quatrième quart aller, venir et jouer parmi

les malades tout en restant en état de parfaite santé.
On soupçonne un microbe resté inconnu, mais de
récents travaux faits à l'Ecole Vétérinaire d'Alfort
semblent démontrer que la « maladie » du jeune âge
serait dûe non à un microbe, mais à une coccidie que
l'on trouverait dans l'intestin des chiots malades, ainsi
que dans celui des chiots qui sont en bonne santé et
même aussi dans l'intestin de certains chiens adultes ;
ces derniers seraient donc des « porteurs » et c'est pourquoi on doit toujours préserver les jeunes chiens du
contact de n'importe quel autre chien étranger quel
qu'en soit l'âge.

Il ne faudra donc pas exposer les chiens trop jeunes ;
et les adultes revenant des expositions seront rigoureusement éloignés des jeunes ; les éleveurs eux-mêmes,
après une visite à une exposition canine se désinfecte-
ront soigneusement les mains avant de caresser les
jeunes espoirs de leur chenil.

Symp-
ômes

La « maladie » débute toujours par de la diarrhée
(entérite catarrhale) ; le chiot tousse, puis surviennent
d'autres symptômes plus graves : coryza, bronchite,
etc. Il y a presque toujours jetage des yeux et souvent
jetage du nez ; le chiot est triste et maigre, mais il a
surtout un regard spécial, langoureux, peiné, auquel
une personne qui aime et connaît bien les chiens ne se
trompe pas.

Nous sommes hélas aussi ignorants du remède spéci-
fique que de la cause et ce qu'il faut avant tout, c'est
amener les jeunes chiens à un état de force et de santé
qui opposera une barrière infranchissable à cette redou-
table affection qui dévaste tant de chenils et amène,
malheureusement trop souvent, le découragement chez
de nombreux éleveurs et amateurs. Mais pour amener une
portée à cet état de résistance, ce n'est pas lorsqu'appa-
raissent les premiers symptômes qu'il faut y penser, il
est souvent trop tard, mais dès les premiers jours de
l'existence des chiots et même avant, en ne leur donnant

pour parents, que des animaux sains et forts et en évitant autant que possible la trop grande consanguinité qui amène, chez les chiens, le rachitisme, le crétinisme et la débilité ; on ne peut donc s'en tenir qu'à prévenir.

Il ne faut pas exagérer et voir dans toute indisposition ou maladie « la Maladie du jeune âge », un chiot peut, à la suite d'un chaud et froid attraper une bronchite ou une pneumonie et en mourir, sans pour cela avoir été atteint de « maladie », seulement, il est un fait certain, c'est que toute affection morbide, quelle qu'elle soit, est une porte grande ouverte au « distemper », comme disent les anglais, qui devient alors une complication de la première affection.

Dès que les jeunes commenceront à manger de la viande crue, on arrosera cette dernière d'une petite cuillerée à café d'huile de foie de morue phosphorée. Le phosphate de chaux est excellent, mais sous sa forme naturelle, il n'est pas assimilable et est rejeté tel qu'il a été absorbé ; il n'est assimilable qu'en présence de l'acide phosphorique, c'est ainsi du reste qu'il est préparé dans les glycérophosphates pour les enfants et aussi dans le sirop Antirachitique de Pierre Mégnin qui est beaucoup employé dans l'élevage des jeunes chiens. Il sera donc inutile de donner de la poudre d'os ; une bonne manière d'administrer le phosphate de chaux est de donner de l'huile de foie de morue phosphorée comme nous venons de l'indiquer. La pharmacie spécialiste vétérinaire possède diverses préparations de phosphates assimilables ; on devra porter toute son attention sur le choix de la marque.

Dès qu'apparaîtront les premiers symptômes de la « maladie » on débarrassera tout d'abord les chiens des vers s'ils en ont ; puis on désinfectera l'intestin avec du salol, une pincée deux fois par jour, ou du benzo-naphtol en même proportion. On évitera les purgations et tout ce qui peut affaiblir les chiots et les porter à l'entérite ; on donnera une nourriture variée et appétissante, par exemple, faire griller légèrement la viande dans du beurre ou de la graisse, mettre dans la pâtée du jus de rôtis ou de ragoût pour en augmenter la saveur etc., il faut par n'importe quel moyen bien alimenter les chiots malades, qu'ils ne dépérissent pas ; si l'appétit disparaissait, on leur donnerait peu à la fois et souvent ; enfin si il y avait trop de difficultés à les faire manger on les nourrirait d'œufs crus très frais : une personne ouvre la gueule du chien en tenant la tête légèrement en arrière et une autre casse les œufs dedans comme on le ferait au-dessus d'une tasse ; de cette manière le chien ne peut les rejeter ; on donnera autant d'œufs qu'il sera nécessaire ; quatre, six et même huit par jour. Le lait sera donné tiède et très sucré. De plus, on administrera deux fois par jour un à deux granules, suivant la taille, d'arséniate de strychnine à un demi-milligramme.

vures Les levures sont excellentes dans les cas de « maladie » ; elles sont un puissant dépuratif, elles aident l'organisme dans son travail d'élimination des toxines; on en trouve d'assez nombreuses parmi les spécialités vétérinaires, mais là encore, on ne devra pas choisir à légère, on ne prendra qu'une marque ayant fait ses preuves.

érum Une injection par jour de sérum physiologique, qui n'est autre que de l'eau de mer ou simplement de l'eau salée, peut quelquefois sauver un chiot très malade ; on prendra le sérum en ampoules, ce mode de préparation offre le plus de garantie d'asepsie possible. Le serum D. W. donne aussi de bons résultats quand il est employé tout au début de la « maladie ».

napis-mes L'emploi des sinapismes est excellent dans les cas de bronchite, pneumonie, etc., ils sont plus faciles à appliquer qu'un vésicatoire; il suffira de raser et de nettoyer les parties sur lesquelles on doit les poser, c'est-à-dire de chaque côté de la poitrine, sur les côtes. Lorsque la respiration est simplement embarrassée, ce qui s'entend très bien à l'auscultation, les sinapismes sont excellents.

Il faudra tenir l'animal tout le temps afin qu'il ne déplace pas le pansement, du reste, un sinapisme ne doit rester que de cinq à dix minutes.

Une injection sous-cutanée semble et est en effet très simple à faire, et pourtant, nous avons vu si souvent des piqûres mal faites, que nous croyons devoir donner ici quelques explications à ce sujet qui, à notre avis ne sont pas inutiles. On emploiera une seringue de Pravaz, en verre de préférence. La première chose à faire est, sinon de raser, du moins de couper aussi ras que possible environ un ou deux centimètres carrés de poil, là où l'on veut faire l'injection ; on lavera cette partie au savon avec de l'eau bouillie et du coton hydrophile; d'un autre côté, on désinfectera la seringue ainsi que l'aiguille en les mettant à l'eau froide puis en les faisant bouillir. Après s'être bien soigneusement lavé les mains et brossé les ongles, on cassera une des extrémités de l'ampoule pour remplir la seringue après s'être assuré que l'aiguille n'est pas épointée ; au moment de faire l'injection, on prendra un petit morceau de coton hydrophile imbibé d'éther que l'on passera sur la partie rasée et propre ; puis enfin on fera l'injection : pincer la peau entre le pouce et l'index, enfoncer l'aiguille en biais et à moitié de sa longueur dans la partie de la peau qui est pincée et injecter très doucement. Après avoir retiré l'aiguille, mettre le doigt sur la piqûre en frictionnant pour faciliter la diffusion du liquide. On évitera avec soin l'introduction de l'air en amorçant la seringue et en arrêtant d'injecter au moment où la petite bulle d'air qui est dans la seringue se trouve à l'orifice de l'aiguille.

Lorsque la "maladie" prend la forme nerveuse, crises de nerfs, paralysie, danse de Saint-Guy, etc. on administrera 0,50 centigrammes à un gramme par jour de la combinaison des trois bromures : Potassium, Ammonium et Sodium, parties égales, faire préparer cette potion par un pharmacien ; à ce propos, ouvrons une parenthèse : ne dites pas à un pharmacien que ce que vous lui demandez est pour un chien, car, généralement les vieux fonds de tiroirs et de bocaux vous sont donnés ; c'est pourquoi nous recommandons les spécialités vétérinaires qui ne sont des médicaments ni secrets, ni extraordinaires, mais qui, lorsqu'elles sortent d'une bonne maison, sont de bonne qualité, et d'un dosage régulier.

Faire des frictions électriques sur les reins et les parties paralysées au moyen de frictions douces avec un fer à repasser chaud entouré d'une flanelle imbibée de vinaigre,

En cas de constipation, on supprimera les os pendant un ou deux jours et on donnera à jeun une cuillerée d'huile d'olives ; on évitera le riz dans la pâtée que l'on remplacera par de l'orge.

Pour les petits chiens de luxe, on emploiera l'orge sous forme de farine donnée en bouillie et le riz (en cas de diarrhée) sous forme de fleur de riz.

Les chiens refusent souvent d'absorber les médicaments et c'est une grande difficulté quand il faut les soigner ; il est des chiens malins qui font semblant d'absorber une pilule, la garde dans un coin de leur gueule pour la rejeter dès qu'on a le dos tourné ; aussi a-t-on recours à certains petits trucs. Il faut toujours être deux personnes pour faire prendre un remède à un chien, l'une tient la tête et l'autre administre le médicament. Pour la pilule : ouvrir la gueule, non pas jeter la pilule, mais l'introduire dans le fond, bien en arrière de la langue, puis, faire le simulacre de cracher légèrement dans la gueule, ce qui amène un mouvement de déglutition involontaire, et la pilule est avalée. Pour les poudres : les mélanger à une boulette de beurre ou de graisse, la jeter dans le fond de la gueule tenue légèrement relevée pendant que la boulette fond et provoque, là encore, un mouvement de déglutition involontaire. Pour les liquides ; c'est plus facile ; ne jamais ouvrir la gueule de chien, mais introduire un ou deux doigts

dans une des commissures des lèvres de façon de former comme un entonnoir, en écartant légèrement la
joue des machoires et à l'aide d'une petite cuillère, on
introduit le liquide, qui en passant derrière la machoire
va dans l'arrière-gorge, sans provoquer de toux ; on
peut aussi placer le goulot d'une petite bouteille entre
les dents et la joue et faire couler doucement; dès que le
chien tousse il faut s'arrêter et pencher la tête du côté
où l'on introduit le liquide.

Généralités

Le petit chien naît les yeux et les oreilles fermés parce que les paupiéres ainsi que l'intérieur des oreilles sont collés. Au bout de douze à quinze jours les yeux et les oreilles s'ouvrent.

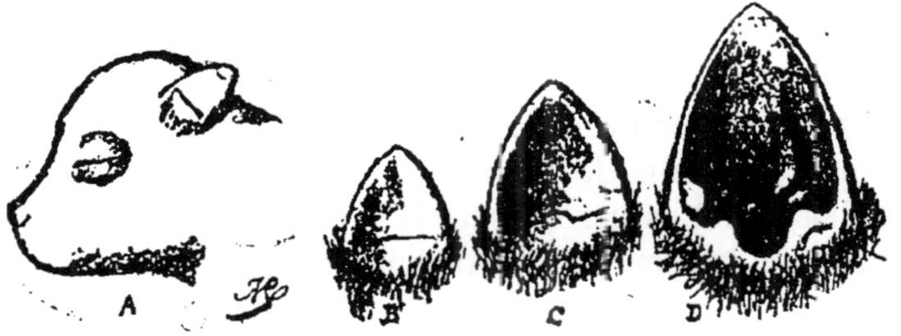

A ET B, OREILLE A LA NAISSANCE DU CHIOT ; C, A HUIT JOURS ; D, A QUINZE JOURS.

Les premières dents de lait commencent à pousser vers le quinzième jour ; un chiot tout comme un enfant souffre pour faire ses dents et comme lui, a besoin d'un hochet qu'on lui donnera sous forme d'une croûte de pain saine (la moisissure se met souvent à l'intérieur des croûtes et peut causer de l'empoisonnement) ou d'un gros os de veau, de bœuf ou de cheval. Les os seront retirés dès qu'ils commencent à sentir mauvais, par exemple au bout d'une ou deux heures en été ; autrement, tous les os seront retirés chaque matin pendant le nettoyage du chenil. On pourra laisser en permanence des gros os de mouton ou de bœuf que l'on aura fait bouillir pendant deux à trois heures ou par exemple ceux provenant du pot-au-feu ; ainsi nettoyés, ils pourront servir de jouets en même temps que de hochet. Les os ont en outre l'avantage, en émoussant la pointe des dents des petits chiots, d'éviter à la mère les morsures pendant les tétées.

Les heures de repas doivent être régulières, et on habituera les jeunes à l'obéissance ; sitôt qu'on pourra, on les fera manger au commandement et que chacun aille à son écuelle respective. Un excellent moyen pour les habituer à rester chacun à sa place pendant le repas, est de les attacher tous à bonne distance les uns des autres et toujours à la même place, puis on leur donne leur repas et on ne les lâche que lorsqu'ils ont tous terminé et que les gamelles sont retirées ; au bout de quelques jours ils vont d'eux-mêmes à leur place et s'y tiennent bien sagement. Il sera bon d'habituer les chiots au coup de feu en leur faisant partir pendant leur repas, d'abord une amorce, puis un coup de revolver, enfin un coup de fusil à blanc. Dès le repas fini, toutes les gamelles seront retirées ; c'est une mauvaise habitude de laisser de la nourriture en permanence ; cela attire les mouches, la pâtée surit et peut alors provoquer de la diarrhée ; enfin les chiots doivent manger à heures fixes et non à chaque moment, cela nuit aux fonctions digestives et leur coupe l'appétit. **Les repas**

On habituera les chiens à l'obéissance dès leur jeune âge, c'est un commencement de dressage en vue de leur avenir : chasse, police, garde, etc. Chaque fois qu'on interpellera un chien, on devra toujours dire son nom et employer le même mot pour le même commandement : rentre, sors, assis, prends, lâche, etc., etc.; cela assouplit beaucoup les jeunes et facilite le dressage futur ; il en sera de même pour les réprimandes pour lesquelles on emploiera aussi toujours les mêmes mots ou expressions et on évitera les châtiments corporels. **Obéissance**

On doit développer l'intelligence des jeunes chiens, pour cela il faut leur parler souvent et avec toujours les **Intelligence** mêmes phrases, on arrive ainsi à leur faire comprendre énormément de choses ; les chiens comprennent très bien la signification d'un certain nombre de mots qui sont employés journellement vis-à-vis d'eux, mais c'est principalement et surtout l'intonation qui les frappe et pour laquelle ils ont une compréhension bien nette.

Corrections Principalement pour les punitions, on devra s'adresser à son intelligence pour se faire obéir. Il est inutile d'user des coups que bien des gens donnent avec un peu trop de générosité pour se faire mieux comprendre du chien ; or, tout comme pour les enfants, il faut appliquer une punition spéciale à chacun et selon son caractère et ses goûts ; nous avons toujours constaté par expérience que les coups faisaient souffrir inutilement un animal, mieux est la punition ; par exemple pour celui qui est gourmand, on donne une friandise aux autres et rien à lui ; pour celui qui aime courir et jouer, on l'attache pendant un quart d'heure ; pour celui qui est affectueux, on en caresse un autre devant lui, etc., etc. Nous avons eu une chienne qui préférait de beaucoup recevoir un coup de cravache comme punition que d'être attachée pendant cinq minutes, elle venait d'elle-même, dès qu'elle s'enterdait gronder, ramper à nos pieds quémandant le coup de cravache, car ensuite, la correction reçue, elle partait en gambadant toute joyeuse, sachant sa punition passée. Une autre, petite fox, très intelligente et très affectueuse, était très peinée lorsqu'on la boudait et lui refusat le pardon qu'elle implorait, c'était pour elle la plus grande punition. Un simple petit coup de cravache, montre à l'animal qu'il a mal fait et cela suffit. Les coups ne servent qu'à rendre les animaux peureux, craintifs et sournois. Si on doit de temps à autre gronder le chien, il faut savoir aussi le récompenser quand il a obéi, ou bien travaillé, et les récompenses sont nombreuses : caresses, gourmandises, entrer dans l'appartement quelques instants, une promenade, etc., etc. Si l'on doit toujours appeler le chien pour le récompenser, on doit toujours aller à lui pour le punir ; d'abord parce qu'on le prend sur le fait et lui démontre ainsi ce qu'il fait de mal, ensuite si vous l'appelez pour le punir, vous annihilez chez lui cet élan spontané et affectueux qui est si joli à voir chez le chien qui accourt à la voix de son maître.

Les jeunes chiens ne devront jamais recevoir de corrections corporelles, il ne faut pas les habituer à être craintifs dès leur jeune âge, on n'en peut rien obtenir par la suite.

Les jeunes chiennes ont en général leurs premières folies à l'âge de huit à onze mois, mais, certaines chiottes précoces les ont de cinq à sept mois ; il faudra les surveiller ainsi que leurs jeunes compagnons pour éviter tout accouplement ; la portée qui en résulterait serait déplorable, les jeunes sont, dans ces cas-là, rachitiques ou atteints d'arrêt de développement, de plus, les chiennes qui portent trop jeunes peuvent être déformées. *Chiottes en folie*

L'âge où le chien est dans la plénitude de ses moyens pour être un bon reproducteur est quinze mois pour les petites races ; de dix-huit mois à deux ans pour les moyennes et de deux ans et demi à trois ans pour les races de grande taille. *L'âge des reproducteurs*

Néanmoins, nombre d'éleveurs n'attendent pas cet âge et ils ont tort, surtout si les reproducteurs sont consanguins, car plus il y a de consanguinité, plus les portées sont difficiles à élever et il faut pour cela même ne faire reproduire que des chiens en pleine force.

Bien des personnes, encore à notre époque, sont convaincues de l'existence d'un ver sous la langue du chien ; certains de nos lecteurs vont trouver bien puérile de notre part de nous y arrêter ; et pourtant nous le pensons nécessaire, l'éverration se pratiquant encore dans maints endroits ; cette opération est une souffrance qu'on inflige bien inutilement au chien puisqu'il n'existe aucun ver sous la langue pas plus qu'au bout ni sous la queue. *Vers sous la langue*

L'attache On ne mettra jamais un chiot à l'attache ; dans le chenil les jeunes chiens ne porteront pas de collier ; on le leur mettra seulement pour la promenade et il sera retiré dès le retour au chenil. Le collier doit porter les nom et adresse du propriétaire ; précaution très utile.

Toutefois, si on veut absolument mettre un collier à un chiot, ce que nous déconseillons, on s'assurera quotidiennement que le collier ne devient pas trop juste pour le cou du jeune chien qui grossit insensiblement chaque jour, il faudra élargir le collier qui doit être porté lâche ; quelle recommandation bien inutile ! penseront nos lecteurs, et pourtant voici une petite anecdote qui prouvera le contraire : Nous rencontrons un jour des amis à qui nous avions donné un chiot de berger de Brie ; naturellement nous en demandons des nouvelles et la personne possesseur du chien nous dit sa désolation ; le chien, qui était âgé de dix mois, était malade depuis quelques temps, il maigrissait, ne pouvait plus manger, à peine s'il pouvait boire et semblait avoir mal à la gorge ; le vétérinaire appelé y perdait son latin (paraît-il), on le dorlotait, lui présentait toutes sortes de mets délicats préparés spécialement pour lui, et il ne mangeait toujours pas ; pas de fièvre, bon poil, bon œil, etc., donc pas de « maladie » à l'horizon. Nous allons voir le chien, et nous nous apercevons que « le beau collier » qu'il portait était toujours au même cran et enserrait, étranglait positivement la pauvre bête ; cet instrument de torture retiré, huit jours après, le chien avait repris graisse, appétit, et santé. En élevage canin, aucune remarque, aucun conseil, si petit soit-il, si futile semble-t-il, n'est inutile.

Vente des chiots Les jeunes chiens étant souvent vendus vers l'âge de trois à six mois, il est nécessaire d'apporter tous ses soins à l'expédition d'un chiot. On ne devra pas employer de caisse quelconque, mais des niches de voyage en osier ; ces paniers-niches ont l'avantage de montrer tout de suite aux employés chargés de la manipulation des colis, par leur forme même, qu'ils renferment des animaux vivants ; de plus, le dessus étant rond, on ne peut les placer sens dessus dessous ni mettre facilement d'autres collis par-dessus. La porte est formée de barreaux latéraux, nous conseillons d'ajouter un grillage à mailles assez serrées, pour éviter l'introduction de bâtons ou tout autre objet, par des gens mal intentionnés. On apposera une pancarte très visible, portant ces mots : " Attention, animal dangereux", de façon à ce qu'on laisse les chiens en paix.

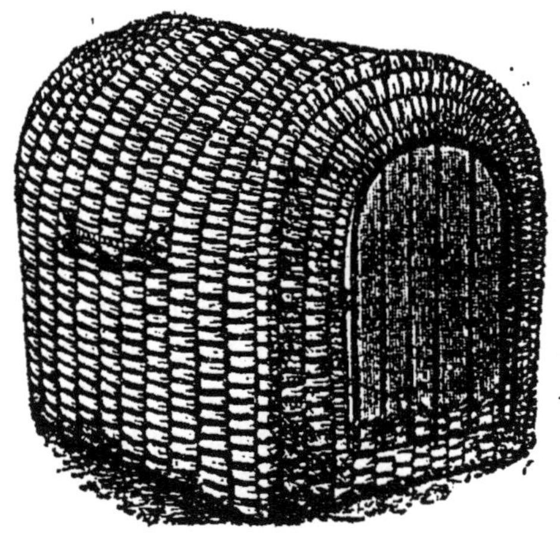

PANIER-NICHE POUR L'EXPÉDITION DES JEUNES CHIENS.
(Modèle Spratt's Patent).

Certaines niches de voyage allemandes et suisses comportent au bas de la porte un petit abreuvoir que les employés des gares peuvent remplir aisément sans ouvrir la porte de la niche, et au-dessus une pancarte avec cette mention « à boire s. v. p ». On mettra une bonne litière de paille dans le fond de la niche, qui devra être assez haute et large pour que le chien puisse changer de position et se tenir assis sur son derrière. Ces niches ayant une certaine valeur, on n'aura qu'à s'entendre avec l'acheteur pour le renvoi de l'emballage.

NICHE DE VOYAGE
(Modèle allemand).

Expédition   Nous croyons devoir insister sur le confort nécessaire aux jeunes chiens pour voyager, d'abord au point de vue pécuniaire, un chien peut partir en excellente santé et faute d'un bon emballage, peut arriver malade, d'où mécontentement de l'acheteur, et refus ; puis par humanité pour les chiots qui sont ballottés, transbahutés, sans faire leurs besoins, sans manger, etc., et ce pendant un ou plusieurs jours.

Les chiots porteront toujours un collier avec nom et adresse du propriétaire expéditeur. On ne mettra jamais plus de deux chiots dans la même niche.

D'un autre côté on doit soigner l'emballage parce qu'au cas où le chien viendrait à s'échapper en cours de route, les compagnies de chemin de fer rejettent toujours la responsabilité sur la défectuosité ou la faiblesse de l'emballage, et dans ce cas, il est très difficile d'avoir recours contre une compagnie. Il y a donc bien des raisons pour que l'expédition d'un chien soit faite avec soin.

Avant d'expédier un chiot à son nouveau propriétaire, on devra instruire ce dernier du caractère et des habitudes de l'animal, on expliquera bien comment est fait son couchage et de quoi est composée sa nourriture; les jeunes chiens sont très sensibles à tout changement qui survient dans leurs habitudes et si elles sont changées, à la suite d'un voyage qui les a déjà déprimés, ils peuvent tomber malade ou se trouver dans un mauvais état de santé qui peut faire supposer à l'acheteur que l'on n'a pas agit en confiance en lui envoyant des animaux mal portants alors qu'on les lui avait annoncés comme étant en excellente santé.

Une maison bien tenue possède toujours une pharmacie de première nécessité ; un chenil bien tenu, devra posséder également sa petite pharmacie que nous conseillons de composer ainsi :

Une paire de ciseaux courbes.
Une paire de ciseaux droits.
Une lancette, pour ouvrir les abcès.
Un bistouri.
Une loupe, pour échardes, vermines, maladies de
  peau, etc.
Une seringne de Pravaz, en verre, pour les injections
  sous-cutanées.
Une aiguille à seton.
Un crayon de nitrate d'argent.
Un rasoir.
Une paire de pinces fines.
Une douzaine de petites agraffes Mathieu, servant à
  recoudre les plaies.
Une poire (grosseur suivant taille du chien), pour lave-
  ments, lavages des plaies, etc.
Coton hydrophile.
Un rouleau de bande à pansement.
Epingles anglaises dites « à nourrice ».
Un flacon de teinture d'iode.
      — d'eau oxygénée.
      — d'huile de ricin ou de sirop de Nerprun.

Granules dosimétriques d'arséniate de stychnine à un demi milligramme.

Poudre de santonine.

— de benzo-naphtol ou salol.

— d'ipéca.

On pourra ajouter une trousse contre les morsures des vipères.

****

En observant bien ce que nous avons dit et conseillé au cours de ce petit livre et en prenant comme règle immuable et constante ces deux mots « propreté, ponctualité », nous sommes convaincus que les éleveurs qui voudront bien nous lire élèveront aussi bien leurs portées que nous l'avons fait nous-mêmes ; c'est le souhait que nous formons pour eux.

FIN

TABLE DES MATIÈRES

TABLE DES MATIÈRES

FIN DE LA TABLE

3
TROIS PRODUITS

qui assurent le succès dans l'élevage d'une portée :

Galactine des Meuniers

Poudre Galactogène augmentant la sécrétion lactée de la chienne et lui permettant de nourrir **TOUS SES CHIOTS.**

Nutricanine des Meuniers

Farine lactée naturelle **de composition identique au lait de chienne,** à l'aide de laquelle on peut nourrir les chiots et éviter les affections intestinales.

Aliment des Meuniers

Nourriture idéale pour chiots après le sevrage

CHENIL DES MEUNIERS

Gaston DONZÉ

Pharmacien de 1re Classe

TRÉLON (NORD)

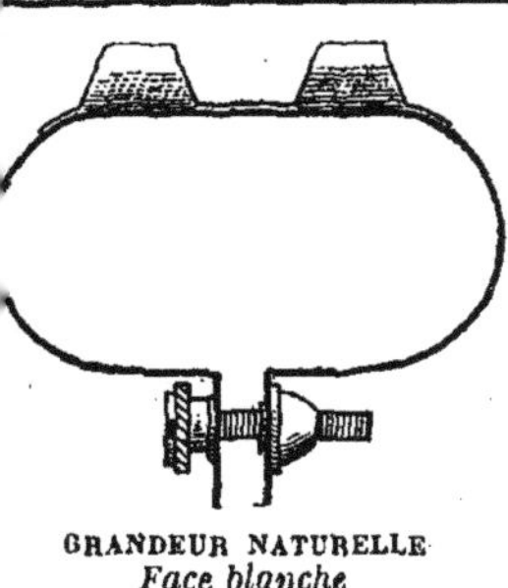

HAUSSE-OBSTACLE
ou
VISEUR DE CHASSE

Appareil de visée pour la pratique du tir dans tous les genres de chasses.

MÉTHODE RATIONNELLE

Le tir est facilité, assuré au bois comme à la plaine, par l'emploi du viseur de chasse, principe nouveau, efficacité sur tous gibiers, résultats surprenants, indispensable aux débutants de tous âges, chasseurs âgés et chasseurs nerveux ou impressionnables.

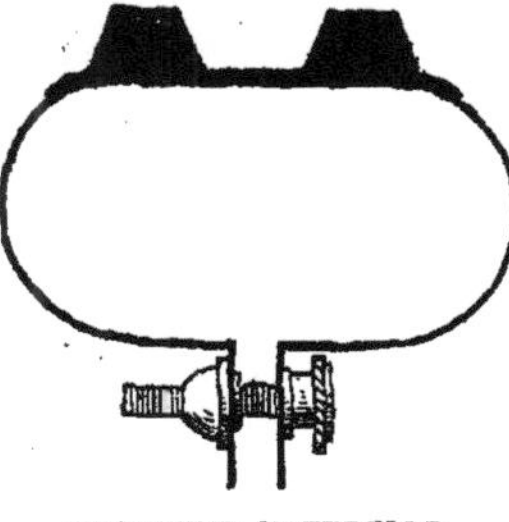

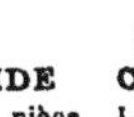

CHASSEUR TIRANT SANS GUIDE
La ligne de tir passe au-dessous de la pièce de gibier, tir sans résultat.

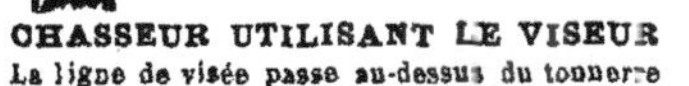

CHASSEUR UTILISANT LE VISEUR
La ligne de visée passe au-dessus du tonnerre traverse le viseur et fait relever le coup, tir assuré.

CHASSEUR DE BATTUES
En ligne droite le tireur aperçoit la pièce dans le viseur, le tir devient extrêmement facile.

Montbéliard. — Sté An⁰ᵉ d'Imprimerie Montbéliardaise.

9 782013 683722